年齢	1945 S20	46 21	47 22	48 23	49 24	50 25	51 26	52 27	53 28	54 29	55 30	56 31	57 32	58 33	59 34	60 35	61 36	62 37	63 38	64 39	65 40	66 41	67 42	68 43	69 44	70 45	71 46
0〜4						50プラスチックおもちゃ	51ままごとセット			54ミルク飲み人形	55ヒ素事件				59ベビーフード発売	60小児マヒ			63紙オムツ / 63テレビアニメ		65テレビ空想特撮				69コインロッカーベビー / 69ゼロ歳児保 / 69ママレンジ		
5〜9	45戦災孤児・浮浪児		47給食開始 / 47二部授業	48児童福祉法				52チャンバラゴッコ			55メンコ				59週刊漫画雑誌			62プラモデル / 62ミルク完全給食		64鍵っ子						71雑ヒ	
10〜14								52靴磨少年 / 花売少女禁止		54教育二法制定		56中学給食開始	57ホッピーシンク	58フラフープ / 58道徳教育		60金の卵ピーク			63家出少年						69スポコン全盛	70不良グ	71落ち
15〜19				48新制高校 / 48駅弁大学											59カミナリ族	少年犯罪低年齢化				64みゆき族		66ゴーゴー	67ラジオ深夜放送	68学生政治運動	69新宿フォ		
20〜24				48洋裁学校								56深夜喫茶 / 56太陽族	57世界一の自殺率	58学生運動					63同伴喫茶				67ブーテン族				
25〜29			47集団見合						53戦争花嫁渡米												65恋愛結婚増加					70ウーマ	
30〜34											55DK			58団地族	59マイカー元年						65マイホーム	66育児ノイローゼ / 66東京転出超過	67核家族				
35〜39																											
40〜44																											
45〜49																											
50〜54																											
55〜59																											
60歳以上																									69高齢者の自		
主要社会生活関連事象	45買出列車・ヤミ市	46憲法公布 / 47電力危機 / 46第一次農地改革 / 47東京都転入増		48マル公廃止拡大	49ドッジライン 世界銀行加盟	50朝鮮戦争	51節電運動 / 51バラック撤去本格化 / 52住民登録 / 52停電スト	52国際通貨基金 / 52停電スト	53奢侈品輸入制限 / 53テレビ本放送/街頭テレビ		55ガット正式加盟	56もはや戦後ではない / 56木造家屋建替		58三種の神器 / 58団地族 / 58インスタント時代	59マイカー元年	60所得倍増計画 / 60スモッグ	61下取 / 61交通戦争 / 61テレビ6割普及(都市部)		63公害	64OECD加盟 / 64海外旅行自由化 / 64東京オリンピック	65ベトナム戦争 / 65日銀特別融資	66戦後初国債発行 / 66冷凍食品 / 66粗大ごみ回収	67資本自由化 / 67中流意識89.2% / 67 3C		69アポロ11	70万博 / 70光化	71円 / 71a / 71ご

図 1.7 世

76 51	77 52	78 53	79 54	80 55	81 56	82 57	83 58	84 59	85 60	86 61	87 62	88 63	89 H1	90 H2	91 H3	92 H4	93 H5	94 H6	95 H7	96 H8	97 H9	1998 H10	98年 年齢	生
																					97 O-157		1〜5歳	1993〜1997年
								84しつけ箸													97たまごっち		6〜10歳	1988〜1992年
	77スーパーカーブーム					82カレー給食の日		84テレビゲームブーム 84朝食を食べない子									93サッカーブーム							
ン曲げ 塾 差値	77アニメブーム	78校内暴力		80マンザイブーム			83横浜浮浪者襲撃事件	84いじめ												96プリクラ	97神戸小学生連続殺傷事件		11〜15歳	1983〜1987年
一次試験		78人工妊娠中絶増加				82戸塚ヨットスクール			85おニャン子現象 85ヤラセ 87朝シャン			88机文字 88オタク族、連続幼女殺害事件								96おやじ狩 97援助交際			16〜20歳	1978〜1982年
暴力 暴走族		78共通 78大学郊外移転 78インベーダゲーム		80金属バット事件		82イッキ飲み		84ピーターパンシンドローム 84温泉ブーム	85放送大学											96就職協定廃止 就職氷河期、超氷河期			21〜25歳 (71〜74年が団塊ジュニア)	73〜77年
			79ギャル		81青い鳥症候群	82エアロビクス			85男女雇用機会均等法		87フリーアルバイター								95ウインドウズ95				団塊 jr	
	77翔んでる女 77独身貴族				81クリスタル族	82海外旅行ブーム 83ワンルームマンション					87男性結婚難	88セクハラ		90ハナコさん 89クロワッサン症候群						96携帯電話			26〜30歳	1968〜1972年
																				96企業家ブーム				
	76ニューファミリー										87アグネス論争 87DINKS									96 OL消滅			31〜35歳	1963〜1967年
ビニ開店			79農村の集団見合									88マスオさん現象				92冬彦さん				96資格ブーム				
産業			79マンションブーム						85金妻現象								93主婦雑誌転換期						36〜40歳	1958〜1962年
ャースクール			79オジンオバン					84くれない族							91清貧					98山一北拓ショック			41〜45歳	1953〜1957年
	77キッチンドリンカー			80家庭内離婚			〜83おしんブーム					88オバタリアン				92リストラ					97失楽園			
						82単身赴任															97職場内 いじめ		46〜50歳	48〜52年
							83熟年男性自殺増加												95介護休業				(47〜49年が団塊世代)	
																				96過剰雇用			51〜54歳	1943〜1947年
														90熟年離婚									中年世代 団塊	
					81フルムーンパック旅行							88ぬれ落ち葉											55〜59歳	1938〜1942年
シート登場																		94年金改革			98公的介護保険		60〜歳	1937〜年
													89バブル崩壊						95阪神淡路大震災		97ナホトカ号原油流出 98失業率4.3%		社会事象	
イルショック			79第二次オイルショック								87ブラックマンデー			90株価暴落		92地価下落 93コメ部分開放						98ビッグバン	経済事象	
	77サラ金		79うさぎ小屋				83軽薄短小時代	84マル金、マルビ								92カラオケボックス		95ボランティア				生活様式	
				80家庭用ビデオ					85ビデオカメラ普及														モノ	
	戦後生まれ過半数 78不確実性					82ネアカネクラ			85霊感商法				89消費税導入						95地下鉄サリン事件		97消費税5%に		その他	

の 歩 み

暮らしと環境への視点

谷村賢治
松尾昭彦
……編著
大槻智彦
花崎正子
山田知子
……著

学文社

は　し　が　き

　われわれ人類は，大航海時代や農業革命，産業革命を経た20世紀に，科学技術の進んだアメリカ合衆国において，大量生産・大量消費・大量廃棄型の物質文明を芽生えさせた。その後，多くの国々にこの豊かな物質文明はまたたくまに伝播し，自然から大量の資源を搾取しながら20世紀の後半には地球規模に拡散していった。その結果，資源の枯渇のみならず，地球規模の環境悪化をも招くに至った。したがって，現存世代のわれわれには，負の遺産を未来世代に残すことなく，環境保全を推進することがいま，切実に求められている。

　そのためには21世紀に生活するわれわれは，この地球生態系を持続可能な資源循環型社会に変革しなければならない。なぜならば，人類は，多種多様な生物の共同作業によって成立している地球生態系のなかでしか生活できないし，資源・エネルギーの提供を永遠に，この地球環境から受け続けるのだから。

　そこで本書では，物質文明の隆盛にともなって起きる地域や国レベルの環境悪化にとどまらず，地球温暖化・酸性雨・オゾン層の破壊などの地球規模の環境悪化についても概説している。さらにわれわれが経済発展と環境保全との間でジレンマに陥らないために，資源循環型社会の構築の必要性とその方策についても述べている。

　このように本書は，地球環境問題を重点課題としてその視野においてきたが，それのみに終始してはいない。地球環境問題の多くはわれわれの暮らしに直結し，暮らしにかかわる環境問題もまた，同じように取り上げる必要があると考えたからにほかならない。その意味では，生命，暮らしをキーワードに，環境問題を文系・理系双方から科学しようと試みたところに，本書の特徴は存在するといっても過言ではない。具体的には目次を一瞥すればおわかりいただけるが，高齢化社会，女性労働問題はもとより，世界貿易と環境などを社会科学や生活環境学の視点から考察している。

　なお，本書が成るに当たって述べさせていただきたいことがあるので，この場を借りて一言申し述べておく。

本書はもともと編者のひとり，松尾昭彦先生の還暦を記念して職場の同僚や仲間が中心となり，原稿を持ち寄り，一書を成そうということから出発した。ただ作成過程で，御自身の体調不良などの諸般の事情から，計画が少なからず，くるってしまった。執筆陣も，若干の入れ替えを余儀なくされたが，幸いにして良きコリーグに恵まれることができたと，確信している。

　編者の希望である，学生や一般のかたがたに「気軽に読んでもらえ，しかも滋養のつく」書物にしようとの目論見が叶えられたか否かは，読者にお聞きするよりほかはないが，そのような姿勢で執筆した。

　読者諸氏にあってはこれを一読され興味をもたれたならば，さらに学習を深めて，安心して暮らせる，心豊かな21世紀をめざしていただきたい。これがわれわれ執筆者の願いである。

　最後に，本書を執筆するにあたっては細やかで周到なお世話をいただいた学文社の稲葉由紀子氏に，心よりお礼を申し上げる。

　2001年2月

谷　村　賢　治

暮らしと環境への視点・もくじ

第1章　現代の暮らしをとりまく環境とそれをみる視点

1　現代の暮らし ————————————————————————— 9
2　生活潮流への視点 ————————————————————————12
　(1)　都市化あるいは郊外化　　　　　　　　　　　12
　(2)　女性の社会進出と生活の社会化　　　　　　　14
　(3)　サービス経済化　　　16　(4)　少子・高齢化　　19
　(5)　国際化　　　　　　　21　(6)　環境制約　　　　22
3　暮らしをみる視点 ————————————————————————22
　(1)　時代効果，年齢効果　　23　(2)　人生80年時代の生活を考える 24

第2章　自然と共生する人間環境の視点

1　生命の誕生と生物の多様性 ————————————————————27
　(1)　地球の出現と生命の誕生　　　　　　　　　　27
　(2)　細胞の進化と光合成生物の誕生　　　　　　　28
　(3)　生物の陸上進出と多様化　　　　　　　　　　29
2　生物の活動と環境 ————————————————————————30
　(1)　人類の誕生と文化の萌芽　　　　　　　　　　30
　(2)　生物の相互作用と生態系の形成　　　　　　　32
　(3)　人間活動と環境　　　　　　　　　　　　　　33
3　人間活動による環境の変化 ————————————————————35
　(1)　環境悪化を誘発する要因　35　(2)　科学技術の発展と環境問題　42

第3章　人間の活動と環境問題の視点

1　物質文明の隆盛 —————————————————————————47
　(1)　京都会議から21世紀へ向けて 47　(2)　経済社会システムの変革　48
2　地球規模の環境問題 ———————————————————————50
　(1)　地球の温暖化　　　　　52　(2)　酸性雨　　　　　54
　(3)　オゾン層の破壊　　　　55　(4)　熱帯林の破壊　　56
3　国内の環境問題 —————————————————————————57
　(1)　人工化学物質による健康被害 58　(2)　環境ホルモンの逆襲　　60

(3)　廃棄物問題　　　　　　　　65

第4章　持続可能な発展とエコビジネスの視点

1　持続可能な発展を目指して―――――――――――――――――75
　(1)　持続できず滅んだ文明　　75　　(2)　トリレンマからの脱出　　76
　(3)　環境革命の創出　　　　　77　　(4)　循環型経済社会の実現　　78
2　エコビジネス（環境産業）の進展に向けて――――――――――82
　(1)　エコビジネスの起業　　　82　　(2)　エコビジネスの種類　　　83
　(3)　期待されるエコビジネス　　　　　　　　　　　　　　　　86
　(4)　廃プラスチックにかかわるエコビジネス　　　　　　　　　90

第5章　生活環境としての高齢社会

1　高齢社会の諸相――――――――――――――――――――――99
　(1)　高齢社会とは　　　　　　99　　(2)　老年人口の推移　　　　100
　(3)　人口高齢化の要因　　　　　　　　　　　　　　　　　　　102
2　生活環境としての高齢社会の抱える諸問題――――――――――103
　(1)　家族と高齢社会　　　　　103　　(2)　地域と高齢社会　　　　109
　(3)　職場と高齢社会　　　　　　　　　　　　　　　　　　　　117
3　介護保険制度がめざす「共同連帯・自立」社会の実現へ―――――123

第6章　女子労働の変容への視点

1　環境・女性・労働をつなぐ視点　―――――――――――――――129
2　労働をとらえる視点　―――――――――――――――――――131
　(1)　労働の本質　　　　　　　　　　　　　　　　　　　　　　131
　(2)　「物の生産」労働の生活からの分離と性別役割分業　　　　133
　(3)　性別役割分業の経済社会システム化　　　　　　　　　　　133
3　女子差別撤廃条約による性別役割分業観の見直し　―――――――134
4　日本における女性労働の変容の特徴　―――――――――――――136
　(1)　女性の就業構造の変化　　136　　(2)　パートタイマーの推移　141
5　女性労働者をとりまく環境　――――――――――――――――146
　(1)　家庭環境　　　　　　　146　　(2)　職場環境　　　　　　　148
　(3)　社会・文化環境の変容　　　　　　　　　　　　　　　　　151
6　労働を新たな生き方へ統合する概念としての「生の生産」――――153

第7章　貿易と環境との視点

1　WTOと環境問題 ————————————————————— 157
2　貿易と環境の位置づけ ————————————————— 159
3　GATT/WTOにおける環境への取組み ——————————— 164

第8章　環境共生型ライフスタイルと消費者環境教育

1　消費行動と資源・環境 ————————————————— 173
　(1)　消費行動と資源・エネルギー問題　173
　(2)　環境共生型ライフスタイルの確立　177
2　消費者環境教育 ———————————————————— 186
　(1)　環境教育の軌跡　187
　(2)　日本における環境教育の展開　188
　(3)　環境教育の基本的な考え方　188
　(4)　行動に移してこその環境教育　190
3　消費者（に対する）環境教育のすすめ ——————————— 191

　索　引　196

第1章 現代の暮らしをとりまく環境とそれをみる視点

1 現代の暮らし

　環境といえば地球環境のことをさし，環境問題は地球環境問題のことであるという見方もまだ一部には残っているようだが，今日では，われわれの身の回りの生活環境をも含む広義の環境をさすようになってきているといっても過言ではない。

　たとえば，寺西（2000）によれば，現代の環境問題は以下の
　① 汚染問題（Pollution-related problems）
　② 自然問題（Nature-related problems）
　③ アメニティ問題（Amenity-related problems）
という三つの基本的な問題領域に整理してとらえることができるという。

　したがって，今日の環境問題の総合的な解決をめざしていくためには，
　① 汚染防止（Pollution control）
　② 自然保護（Nature conservation）
そして，これらを前提にしてはじめて成り立つ
　③ アメニティ保全（Amenity improvement）
という三つの複合的な課題を意識的にとらえ，それらを統合的に結びつけた政策体系を構築していくことが重要になってきている。

　とりわけ日本では，汚染防止や自然保護に比して，アメニティ保全に関する政策分野は大きく遅れをみせている。実際，1967年の「シビック・アメニティ法」（Civic Amenities Act）のようなものはない（西村 1993）。

　なお，アメニティという言葉であるが，人間という存在（human being）からみて「喜ばしいもの」「好ましいもの」「いとおしいもの」「美しいもの」を意味する。要するにヒューマン・ライフの良きあり方（well being）にとって不

可欠で,「かけがえのない価値」を有するものやその性質,と理解しておこう(寺西 2000, 64ページ)。

本書は,この立ち後れ気味のアメニティ保全に重点をおいて現代の暮らしに,後でみるようにさまざまな切り口で接近している。つまり本書の特徴は何かと問われれば,この辺りにおいたといってもよかろう。本章は,それらに先立って,その「皮切り」を試みるものである。

ところで,一口に現代の暮らしといっても,もうひとつピンとこないという方もおられよう。そこで,ここでは高度経済成長以降の日本の暮らしをさす,と定めよう。その節目として高度経済成長期をもってきたのには,むろんわけがある。今日のわれわれの暮らしの大きな枠組みの形成に大きく貢献したのが,高度経済成長と考えるからにほかならない。「欲望の20世紀」をかたちづくったといわれるフォーディズム(大量生産—大量消費社会の形成原理)のアメリカからの移植に成功し,その果実こそが,高度経済成長といわれている。

さて,図1.1は現代の家庭経営の基本的な枠組みを示したものである。まずは家庭にその基盤をおき,そこから考察を始めようというわけである。

われわれ近代人(現代人)は,その欲求充足のために基本的な組織を構成している,近代家族である(谷村 1995,第1章)。近代家族は,いわば閉じた小宇宙を形成し(図1.1の三角形の内部),その編成行動原理は二つに集約できる。精神的領域における愛情原則が一つで,家族は互いの情緒的な満足を得たり,不満を処理する責任を負うことを指す。

もう一つの経済的領域における「自助原則」は,家族とみなす人の生活をお互いに保障しあうことを指す。逆にいえば,他人の生活には直接の責任を負わないことを意味する。

そして,家族をとりまく環境の一つに市場社会に対して図1.1に示す三つの(市場対応)生活行動をとり,構成員の欲求の充足を満たそうとする。その際,生活行動の意思決定を司るのが生活価値で,構成員自身のつくる生活世界像を筋の通ったものにする不断の構えや思想を表わす(谷村 1995,第2章)。

さて,このような市場社会にどっぷりと浸かったわれわれの暮らしをとりま

第1章　現代の暮らしをとりまく環境とそれをみる視点　11

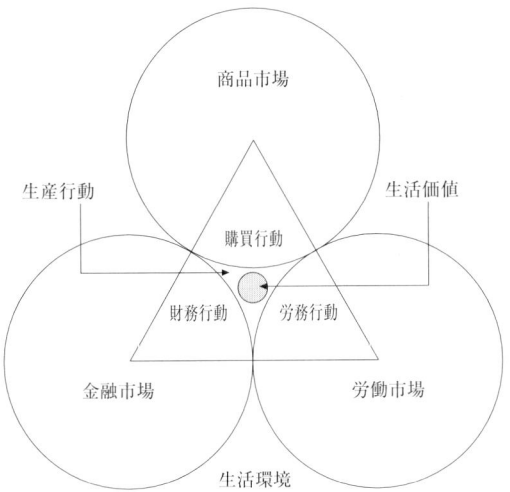

出所：谷村『現代家族と生活経営』44ページ

図1.1　家庭経営の基本的枠組み

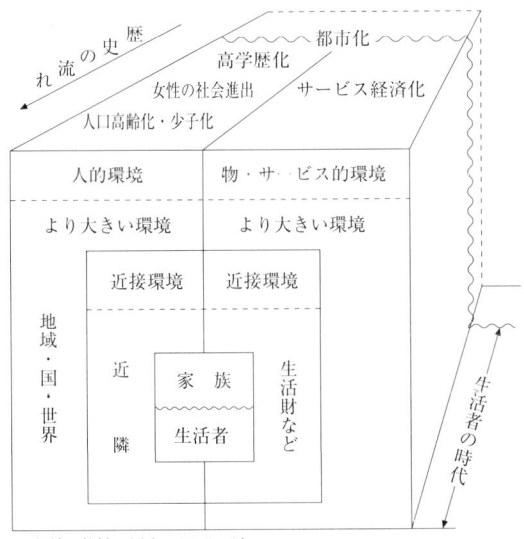

出所：谷村　同上　55ページ

図1.2　生活者（主体）と生活環境

く大きな流れは,すなわち生活環境のメガトレンドとはなんであろうか。いわく都市化,その内実は郊外化との見解もみられる(三浦 1999)。そして高学歴化した女性の社会進出,その結果としての少子・高齢化はもとより,それらを支えた社会経済現象としてのサービス経済化も見落としてはなるまい。

　図1.2は,それを図示したもので,メガトレンドとしてはこのほかに,国際化(グローバル化)やとりわけ環境制約という新たな社会環境は,見逃せないはずである。

　本書は,これらの大きな流れをさまざまな視点からとらえ,読者に暮らしを考える際の見方や考え方の重要なポイントを提供したいと考えている。それに先だって,各章では触れないが,ここで私が考える事柄に少しばかり言及しておきたいと思う。

2　生活潮流への視点

(1)　都市化あるいは郊外化

　高度経済成長は大都市への人口流入を誘い,図1.3にみられるような,まさに民族大移動の様相を呈した。都市部ではその過密への対応として郊外化という選択がなされた。なかでも団塊世代がマイホームを求めるようになると,郊外住宅地の範囲は一気に拡大した。

　郊外化は,仕事は都心,家庭は郊外というかたちで職と住を分離し,そしてその分離がそのまま男女の役割意識と結びつき,男性は都心で仕事に従事し,女性は郊外で家事・育児・消費を担当するという(近代家族の)ライフスタイルを完成させた。郊外で専業主婦率が高いのはそのためで,つまるところ高度経済成長期に専業主婦化の時代が始まったのである。

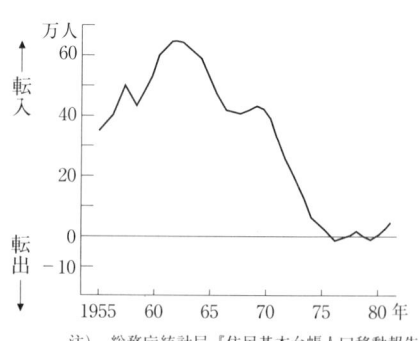

注)　総務庁統計局『住民基本台帳人口移動報告年報』により作製。
出所:吉川『高度成長』107ページ

図1.3　三大都市圏への転出入超過人口の推移

ところで都市化あるいは郊外化を考えるうえで重要なのは，郊外生活者の多くが自分の生まれ育った地域から遠く離れて暮らす「故郷喪失者」であるという点である。そのために，「共同性の欠如」という問題が生まれた。生まれや育ちも異なるさまざまな人びとが移り住む郊外でうまくやっていくには，他人のことに干渉しないというのが生活の原則となり，その結果として地域の共同性が形成されにくくなった（三浦 1999, 163ページ）[1]。

また，仕事の現場は都心ということから郊外では働く人の姿がみえない，ということも問題である。郊外はしばしばベッドタウンと呼ばれる。都心で働く父親にとっては，家庭はただ寝るだけの場所になる。それゆえ，家では粗大ゴミと化した「だらしない父親」を目にしても，働く父親の姿を眺めたことのある子どもは珍しいというわけである。

郊外は先に触れたように，消費の場でもある。性別役割分業で，市場労働はもっぱら男たちが都心で担い，そこで得た給料をもとに郊外は物やサービスを消費する場所となっている。その最大の買物は，いまも変わらないが家を建てることだった。その結果，「労働者」が見事に「消費者」に変貌したところをみると，ようするに持ち家が労働運動に対する最大のアメだったことになる。

そして我が家に，利便性や快適性のための三種の神器を詰め込み，3Cなど

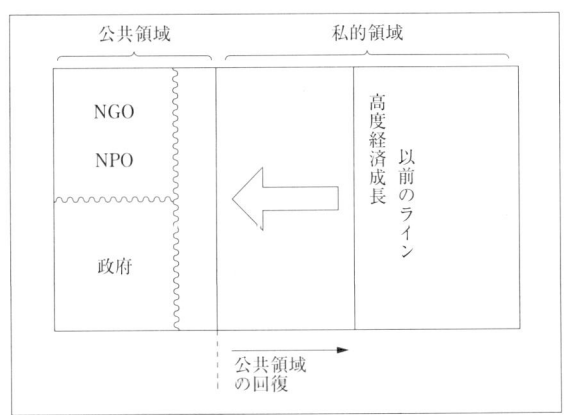

出所：谷村『消費者教育研究』56号, 10ページ
図1.4　公共領域の回復

を買いそろえ,「高級消費の大衆化現象」(『国民生活白書』1989年版)の結果としての「生活財の倉庫」と化しているのが現状であろう(加藤 2000)[2]。

当然のこととして,郊外生活者のメンタリティは,あるいは最も基本的な欲望は,「私有」であった。まさに郊外は,私有という欲望のかたまりと化した消費者の"楽園"となったのである。その際忘れてならないのは,図1.4に示したように,楽園の膨張は本来,公的な領域と思われていたさまざまな空間を浸食し,場合によっては汚染していったことである。食い散らかした"宴"の後は,まさに廃棄物の山となった。いわゆる都市型・生活型の環境問題の発生である。それゆえ今後のわれわれの課題はなによりも浸食され,否,われわれが浸食し,汚染した公的領域の回復にある(詳しくは各章参照)。

(2) **女性の社会進出と生活の社会化**

都市化あるいは郊外化について触れてきたが,高度経済成長期以降,学歴を高めたのは男女とも変わらない。その結果,女性の社会進出も進み,家庭にいる時間がしだいに減り始めた。その減った分だけ,家事の市場化といわれる生活の社会化も進展した。

われわれは日々起こる諸欲求を充たそうとする際,欲求充足の方法として,それを家庭の内で行うか,あるいは外部に依存するか,という二者択一がある。見方を替えていえば,家庭はサービスの自給を行うが,それでは家庭ニーズが充たされない場合,外から物財やサービスを購入することになるわけで,これを生活の社会化あるいは外部化ともいう(谷村 1995,第5章)。

歴史を振り返れば,必要な生活財・サービスを自給から家庭外部に依存する割合がしだいに増えてきたといえよう。たしかに,経済が発展した今日,われわれは諸欲求の充足を自給中心で行おうとすれば,かえって高くつく行為だということを知っている。これはあとから述べるように,自給をするのに必要な能力や道具が失われつつあることに直接的には起因するが,要するに技術進歩の性質に求められるであろう。簡単にいえば,いわゆる規模の経済性,すなわちまとめて供給したほうがコストが安くなるということである。

つまるところ生活の社会化は,限られた生産要素である労働力をより効率的

に使う方向での変化だったのであり，より質の高いレベルでの生活欲求を充たしていくなかで，社会的にいって効率性を増す方向だった，といえよう。

ところでなぜ家庭内生産＝自給がしだいに減っていったのかについて，その方向こそが社会的（マクロ的）にみれば効率性を増すやり方だったからと前述したが，ミクロ的にみれば，そこにはいかなる経済原則が存在するのだろうか。

そもそも平均的な家庭にとって，あるサービスを家庭内で生産するか，あるいは購入するかを選択するに当たっての決定的な要因となるのは，

① 技術制約
② 自給＝生産コスト（狭義）

の二つであるといってよかろう。さらに三つめの要因として

③ 消費習慣，さらにいうと生活価値観

を加えるのが，妥当かもしれない。

さて，この三つの要因のうち，まず技術的な制約があるかないか，で振り分けられる。すなわち技術的に家庭内生産が不可能ならば，否が応でも購入ということになる。家庭でも生産可能という場合にはじめて，生産コストの問題がでてくるわけである。たしかにA. スミス（1969，681ページ）がいうように，かりに出来上がったものが品質で買う物と遜色ないとすれば，買うよりもつくるほうが高くつくようなものを自分のところでつくろうとはしないだろう，ということである。

三つ目の消費習慣あるいは価値観が大きな影響を及ぼすことに関しては，履歴効果（後で述べる）を考えれば，容易に首肯しえよう。とくに価値観に関していえば，後の第8章でも述べるように，環境配慮の消費者行動には環境配慮の意識すなわち価値観が重要となる。

理論的にいえば，家庭内での生産が可能で，かつ自給と外注とのアウトプットに大差がないものとすれば，インプットの差に，それは依存するとみなしうる。そこで自給のコストを考えてみた。井原（1994，53～54ページ）によって，この式を以下のように定めた。すなわち，

$$自給コスト＝固定費＋可変費＋家事労働時間×「時間の価格」$$

この式のなかで,固定費や可変費に関しては,これを圧縮できるような技術革新が生まれれば,自給コストを下げる方向に働くので,家庭内生産が復活する場面も可能となるはずである。たとえば,レトルト食品の場合,技術革新の結果,コストを抑えることができた好例といえよう。

おそらく「時間の価格」は,聞きなれない言葉であろう。ここでいう時間の価格とは,機会費用概念に基づく個々人の時間給(あるいは賃金率)をさす。これが高くなると,コストも上がり,自給は高くつくようになる。それゆえ外注に回すほうが得策だという場合は,多々目にするところである。

(3) サービス経済化

生活水準が上がると,需要の価格弾力性が物財よりもサービスのほうが高いため,サービスの需要は伸びる。そうなると他方,サービス業は労働集約的なのでサービス業の従事者はさらに増えていく。1998年現在,就業者ベースで62.7%(『労働力調査年報』2000年),GDPの65.5%を占めるに至っている(『国民経済計算年報』)。経済のサービス化はこのようにして展開するが,サービス業が一様に成長するわけではない。たとえば,1999年度の売上高は,日本経済新聞社による「第18回サービス業総合調査」によれば,図1.5にみられるように,インターネット検索・仮想商店街運営が3.2倍に,人材や介護関連業種も大きく伸びたのに対して,観光バスやホテル,旅行業などは売上げを落としている。業種間の成長度の差異は決して小さくないのである。

とはいうものの,業界全体では前記調査によれば1998年度に比べ6%弱の増加がみられ,経済のサービス化が

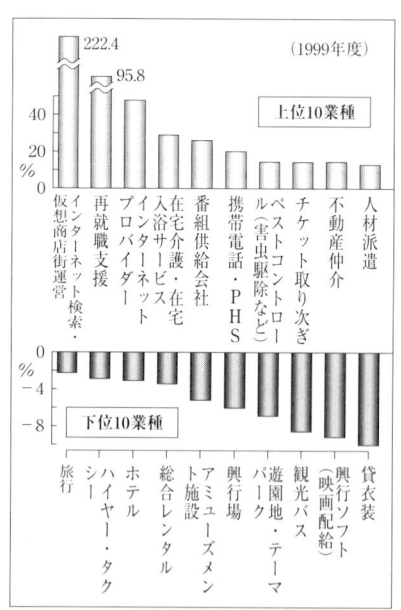

出所:『日本経済新聞』2000年10月12日付
図 1.5 サービス業の業種別の成長率

いっそう進みつつあることがわかる。

ところで，このようなサービス経済社会において暮らすわれわれにとって一つの大きな問題として〈サービスの評価の困難性〉が浮上しつつある。

たとえば昨今，介護保険に関連して介護サービスの質が問われている。厚生省は2000年に利用者への情報開示を進めるため，介護事業者に評価基準を設けた。これは事業者選択の際の情報不足に基づく不満を解消しようとするものだが，その評価システムはこれからである。ここではこの点に的を絞って考察を加えてみよう。

なぜサービスはモノに比べ，評価がしにくいのであろうか，ここからはじめよう。それは，生産と消費の同時性あるいは無形というサービスの特性からくる「掴みにくさ」ゆえに，事前の情報収集やその検討にはモノと比べ格段の難しさがあり，その情報はきわめて少なくならざるをえないからである。

そもそも生産者と消費者との間にはモノについても情報の非対称性が生じ，消費者は大きなハンディを背負って市場に参加しているのである。情報の非対称性とは簡単にいえば，商品情報を生産者が圧倒的に多く有し，消費者は情報の開示を生産者に依存せざるを得ないという状況をさす。

さてサービスに話を戻すと，サービス経済化が進めば進むほど，この問題は大きくなっていく。そして必ずや情報不足は消費者の不利益を招くはずである。ここではサービスの質と料金の問題について考えてみたい。

同じサービスでもその評価というか，サービスから得る満足度は個人によって異なることが通常である。それは個々人によって評価範囲が一定ではないからである。ましてや情報の不足がたぶんに生じるわけで，質と料金のゆがみが生じやすく，そもそもゆがみが生

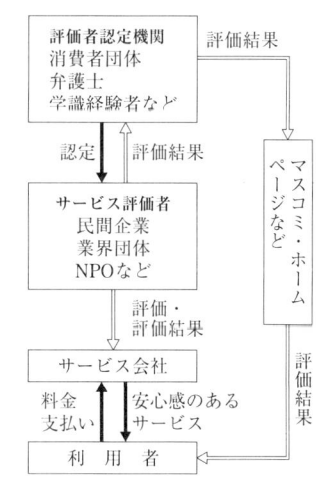

出所：『日本経済新聞』2000年7月29日付

図1.6 サービス評価システムのイメージ

じたと気づくことがまれというわけである。

　このようなサービス消費の特性をふまえ，サービス価格は供給側によって設定されるとすれば，質と料金のゆがみは不可避なのであろうか。個々人の評価範囲のズレは如何ともしがたいが，情報の不足から生じるゆがみの圧縮は是非とも推進すべきだと考える。

　そこで考えられるのが，サービス評価システムの構築である。そのアイディアは図1.6のようになろうか。[4]

　実際，このような情報不足を埋める試みが経済産業省によって行われている。「サービス格付け（評価）」のホームページがそれである（http://www.servicekakuzuke.com）。ちなみにそのHPの「目的」を抜き出すと，

∽∽∽∽∽∽∽∽∽∽∽∽∽∽∽∽∽∽∽∽
サービス評価ホームページの目的
　サービス評価ホームページは，
● あるサービスを利用しようと思っているが，どの業者が良いのか分からないので，業者の評価・ランキングを行っている事例を知りたい。
● あるサービスについて業者の評価・ランキングを行ったので，広く公開したい。
という方に使っていただきたいと考えております。
　このホームページでは，サービス事業者の評価を行っている事例の概要をフリーキーワードで検索することができます。このホームページには，現在約300の評価事例の情報が掲載されています（1999年10月15日現在）。評価事例は今後，さらに増やしていきたいと思っておりますので，評価事例を積極的に公開するために登録を希望される方は，是非「登録を希望される事業者の皆様へ」からご登録をお願いします。
　サービス評価ホームページの使い方
● 評価事例の検索方法
● サービス評価事例検索のページの「検索」ボタンの前のスペースにフリーキーワードを入れてから「検索」ボタンをクリックしてください。キーワードは，探したい業種，事業者名，場所等なんでも結構です。
● 検索結果は，左フレームに該当件数，右フレームに評価事例が表示されます。
● 右画面では，評価実施主体，評価結果の入手方法（アクセス先），連絡先が表示されます。詳細をご覧になりたい場合は，URLをクリックしてください。

ご利用上の注意事項

本ホームページのご利用にあたっては，以下の点に十分ご注意下さい。
本ホームページの情報は，様々な評価事例の概要をインデックスとして掲載しており，株式会社三菱総合研究所として評価内容に責任を持っておりません。したがって，本ホームページをご覧になった後，サービスの購入をされる場合は利用者ご自身の責任において行って下さい。

∽∽∽∽∽∽∽∽∽∽∽∽∽∽∽∽∽∽∽

評価の基準は契約の適正さ，情報開示の進め方，経営体としての健全性などである。病院やエステティクサロン，学習塾などの評価結果が提示してある。情報公開が普及すれば，消費者の質と料金のバランス感を培い，料金の透明化を押し進めるようになるはずである。

(4) 少子・高齢化

高齢化に関しては第6章で考察を加えているので，ここでは少子化について簡単にふれるにとどめる。

結婚外の出生は日本では珍しいことから，（合計特殊）出生率の今なお下降気味のもとでは，少結婚化は即少子化に繋がるとみていい。だとすれば，結婚を減らしている要因はなんなのかを考察していこう。

女性が仕事をやりたがっているからとか，働くことを優先するために結婚をしないとの声を聞く。社会的に価値のある，やりがいのもてる仕事をし，それに対する評価に納得できている女性は，おそらく職場を離れたくないだろう。女性の高学歴化の進んだ今日，たしかにそのような女性の存在を否定はしない。しかしながら，後の第6章でみるように，女性の労働環境は男性のそれに較べ依然として厳しく，仕事自体が自己実現であると思えるような職に就いている女性が，過半を占めるなどとはとうていいえまい。

むしろ，あくせく働かなくてもそれなりに豊かな生活を享受できる環境が，多くの日本女性には用意されているからではないのか。その環境とは，結婚前はパラサイト・シングルという立場であり，結婚後は専業主婦という立場であると，山田（1999）はいう。

親と同居している未婚者—なんと20歳から34歳までのその人数はおよそ1000万人—の生活は，経済水準の高い親にパラサイト（寄生）して小遣いの潤沢な分，余裕が生まれるだけでなく，家事は「お母さんをお嫁さん代わり」にして任せているのでたいそう気楽である。したがって，そのような状況を止めてまで踏み切れる結婚は，そうざらにはないはずである。これが結婚を遅らせ，少子化をもたらしている大きな理由ではあるまいか。

ただし忘れてはならないのが，このような選択肢をもてる彼女（彼）は，親が豊かで，かつ面倒をみてやる気が親にある場合，そして専業主婦である母親のサポートが可能なときに限られるということである。このような条件が整っていなければ，無理である。

ということから，じつはパラサイトする側ではなく，させる側，すなわち余裕のある親の存立を可能にする社会経済環境こそにその原因を見出す見方もある（玄田 2000）。中高年雇用の維持の代償として若年の雇用機会の縮小がみられ，このようなディスプレイスメント効果こそがパラサイト・シングルを生むとの見解がそれである。とりわけ若年男子に，この効果が効いていると思われる。

ところで，欧米で女性の自立が声高に叫ばれた1970年代は，女性の依存先の不安定化という時期と重なっている。1970年前後に北欧や英米では離婚法が改正され，簡単に離婚ができるようになった。その結果，結婚したカップルで終生添い遂げるのは半数に満たないまでに，離婚が増えた。加えてオイルショック後の不況下で，夫のレイオフのおそれも増してきた。かといって，成人した子の面倒を親はみないのが欧米流のやり方で，親に頼るわけにはいかない。こうなれば，専業主婦を続けるにはリスクが高すぎる，と考えた女性の社会進出が広がったというわけである。

日本でも近年，夫という依存先は安定性を崩しかけている。ただ親というパラサイト先がしっかりしているので，欧米のようにはなっていない。

それではなぜ日本では親が依存先になるのであろうか。世代間の利他主義（愛情）によるものという見方もできよう。しかしながら欧米の親にはそれが

ない、とはとうていいえないから、他の理由を探す必要がでてくる。先行きがさらに見えなくなりつつある老齢福祉環境を考えれば、何かあったときに手助けをしてくれるようにとの、「老後の保険」という見方もできるかもしれない。かりにそうだとすれば、女性が依存する二つの前提のうちの一つ、親が子どもをパラサイトさせる意識を変えさせるためには、老後の不安を取り除くことが必要となる。ようするに高齢社会保障システムの変革が要請されるわけで、この点については第5章に譲るとしても、なかなか難しそうである。

となれば、ハードルを越えるためには、経済面でのマイナスをカバーできる愛情面での強い結びつきである。もとより、そのためにはこのような関係を構築する二人の生活を支える環境が大切となるはずで、労働環境でいえば共働きや子育てがしやすくなる環境整備などがそれに当たろう。

(5) 国 際 化

内外価格差の問題が取り沙汰されるようになって久しい。

直近の1999年の内外価格差は経済企画庁の調査によれば、東京の小売価格はニューヨークの1.20倍、前年は1.08倍だった。パリでも1.15倍からなんと1.53倍に拡大している。需要が低迷のなかで、国内の物価は安定していたがもともと割高な商品が円高の影響を受けた結果と経済企画庁は説明している。購買力平価（アメリカで1ドルで買えるものが日本で買うといくらになるのか）では改善をみせているのに、円高（すなわち為替相場が前年比、米ドル、ユーロの対円相場がそれぞれ13％、27％下がった）が打ち消したとみなせよう。

品目別にみると、食料品なかでも米の高さが目立つ。

規制緩和が進んだ業種で生産性の向上がみられ、購買力平価が縮小に向かっていたことをわれわれは観察したことがあるが（谷村 1996、第8章）、購買力平価がしだいに良好なパフォーマンスを示し始めたのは規制緩和の為せる業、と思われる。

もちろん1990年代の規制緩和はよいことずくめではない。規制緩和が雇用に与えた影響は気に掛かるところなので、いかなる具合であったのか、経済企画庁のレポートによってみてみよう。

規制緩和は市場競争の激化を招き，弱者の閉業，廃業を引き起こす一方で，新たな事業機会をもたらす。そこで新規就業者と離職者の数を比べてみると，1990年代において110万人が職を得，90から140万人が職を失い，おおむね均衡していたという。90年代後半には全産業の開業率，廃業率は4.1％，5.9％それぞれ上昇していたのに対し，規制緩和の進んだ通信業では37.3％，13.3％と大きく伸びていることから，運輸，通信，サービス業などの規制緩和業種での雇用の流動性は進みつつあることがわかった。

(6) **環境制約**

いわゆる環境問題が今日のわれわれの暮らしにとって大きな制約になっていることは，言を待たない。そこで本書では大部分をこれに割き（第2，3，4，5の各章そして第8章）積極的に取り組んでいる。それゆえ，ここでは若干趣を異にし，さきにふれたアメニティ問題にかかわる，そして消費生活環境のなかで最近大きな問題となっている大型店の環境問題に少しばかり触れる。

2000年6月，大型小売店の出店調整の枠組みが大型小売店舗法（略して大店法）から大型小売店舗立地法（大店立地法）へ移行した。騒音あるいは駐車場の規模や廃棄物処理などの「環境基準」で出店を調整し，店舗周辺の環境保全を図るというのが大店立地法だが，たとえば，真夜中に買物に来る客の車の音に悩む周辺住民に応えるべく，深夜営業を制限する項目はない。住環境へのきめ細かな市民のニーズを十分にくみ上げ，調整を図る仕組みとはいまのところいいがたい[7]。

その結果，出店トラブルの構図は中小商業保護から環境保持へ，またそれにともない，反対運動の中心は地元商業団体から地域住民へと変わり，新たな摩擦が生じ始めている。

3　暮らしをみる視点

最後に，めまぐるしく動く現代をみる際に便利だと思われる「眼鏡」というか，小道具をいくつか紹介していこう。

(1) 時代効果，年齢効果

　変革期の現代はドッグイヤーといわれるくらいに時間の進み具合が速い。「一身で二世を生きる」という言い方があるが，たしかにそのような感じ方をもってもおかしくないと思われる。いきおい，世代間の価値観の相違が大きく，それに基づく摩擦もたぶんに発生しがちとなる。それゆえ時代（年代）効果と年齢効果という，ライフサイクルを検討する際の基本的な視点が有効と思われる。

　時代効果，年齢効果を押さえるためには，ある世代の経てきた暮らしをもう一度じっくりと観察することが大切となろう。そうすれば，思いがけない発見も生まれ，世代間の溝の一つや二つ，埋めることができるかもしれない。図1.7（見返し）の見方であるが，まず上段の生年をみて，そこから右下へと降りていく。たとえば1947年から49年にかけて生まれた団塊の人びとは，幼児期，ままごとや仲間とちゃんばらごっこあるいはメンコ遊びをし，小学校高学年時にはホッピングやフラフープで遊び，テレビで空手チョップをみていた。この時期に，道徳教育を習っている。中学生時代，金の卵ともてはやされるが，家出少年が問題となっている。高校時代やその後は，ミニスカートやジーパンをはき，ゴーゴーを踊り，深夜放送に耳を傾けながら，政治運動に夢中になっている様子がうかがえる。

　他方そのジュニアたちはどうだったのかとみれば，ベビーホテルが生まれているから，そこに預けられたのだろう。小学校の低学年頃はスーパーカーで遊んだようだ。高学年のとき，テレビゲームに夢中になり，また朝食を食べない子が問題になっている。中学時代には，いじめが「流行り」，高校時代は朝シャンをして登校し，オタク族になっていた。

　このように，若い頃だけでもきわめて異質な（通底している部分もあるが）経験をした親子が，したがって生活価値をたぶんに異にした者どうしが，一つ屋根の下で，自らの生き甲斐を求めて，日々孤軍奮闘しながら暮らしているのである。目まぐるしく変わる環境が，いっそう問題を生みやすくするだろうから，何かが起こらないほうが不思議なくらいである。以上のようなことを図1.7はわれわれに教えてくれているのだろうか。

(2) 人生80年時代の生活を考える

① ライフステージ別接近

ところで人生80年時代といわれているが，一口に80年といっても，そのライフステージで大きく生活（課題）が異なることは，周知のとおりである。したがって，ライフステージ別に考察を加えていくべきだと考えるが，そのつぎにはそれをどのように区分けするかが問題となる。

われわれは生活課題に重きをおいて考えると，以下のような四つのステージに分けて考察していくことは効果的な方法と考える。すなわち，

ステージⅠ	0歳—20歳前	幼児・修学期
ステージⅡ	20歳前後—40歳代	養育期
ステージⅢ	50歳前後—70歳前後	成熟期
ステージⅣ	70歳前後 以降	高齢期

それを図示したものが図1.8である。

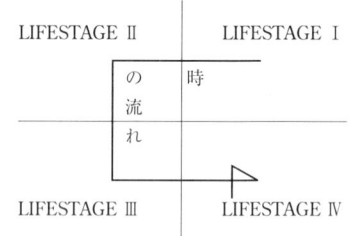

図1.8 LIFESTAGE 別接近

② 地域性の重視

生活の場というか，地域性も暮らしを考えるとき，たいへん重要だと考える。筆者の身近なことを申し上げて恐縮だが，たとえば長崎県を取り上げてみると，一人暮らしの後期高齢者の女性が多い離島や島嶼部を多く含み，高齢化の進み具合が早い（谷村 2000）[8]。また九州に関していえば，個人の自己破産者の割合が高い。あるいは後の第8章で図示するが，家庭ごみの排出関数における二つの説明変数の一つが「地域特性」である。具体的には，人口構造，産業構造，家計，地理・気候，そして自治体組織率などである。

むろん，これらの「地域性」はライフステージで発生時を異にする場合が一般であるから，その点を考慮して両者を突き合わせると，地域性を重視したライフステージ別の生活環境図を作成することができる。人はときに環境に受動的に順応し，ときには能動的に適応を図る。この図を読者が各自作成し，一度じっくりと眺めようではないか。やっと経済から生活へと，良くも悪くも，身辺のことに気が回り始めた時代になったのだから。

注

1) 三浦（1999，166ページ）は，われわれ日本人のモラルは，唯一絶対の宗教的な規範によって規定されるのでなく，現実の身のまわりである「世間」との関係のなかで形成されるという。ようするに，日常的な隣近所のつきあいのなかで，していいことと悪いことを経験的に学んでいく。そうした日本人が，郊外のような「世間」のない空間で育つと，「世間」の目を意識しない，つまりは善悪の判断ができない人間になっていく可能性があるという。
2) 加藤（2000）によれば，明治期の家庭とくらべると，「家財」の数と種類は10倍以上に増えたが，その多くは高度経済成長期に取り込んだ生活財であった。
3) 『日本経済新聞』2000年10月12日付朝刊
4) 『日本経済新聞』2000年7月29日付朝刊
5) 『日本経済新聞』2000年5月17日付朝刊
6) 『日本経済新聞』2000年9月6日付朝刊
7) 『日本経済新聞』2000年2月2日付，1999年11月29日付朝刊
8) ただし，現在高齢化の遅れている都市部でも今後は大きく進展し，地域差は縮小に向かう模様である。

引用文献

スミス，A（1969）邦訳『諸国民の富Ⅰ』岩波文庫
井原哲夫（1994）『フロー化社会のライフスタイル』中央経済社
加藤秀俊（2000）「住まいと家財―物持ちの変貌」『中央公論』10月号
谷村賢治（1995）『現代家族と生活経営』ミネルヴァ書房
谷村賢治（1996）『消費の人間生活研究』晃洋書房
谷村賢治（1997）「内在的消費者問題をどう取り扱うか」『消費者教育研究』56号，消費者教育支援センター
谷村賢治（2000）「基礎統計からみた長崎における高齢福祉環境」『地域環境の創造』長崎大学公開講座叢書12，大蔵省印刷局
寺西俊一（2000）「アメニティ保全と経済思想」環境経済・政策学会編『アメニティと歴史・自然遺産』東洋経済新報社
西村幸夫（1993）『歴史を生かしたまちづくり―英国シビック・デザイン運動から―』古今書院
三浦展（1999）『「家族」と「幸福」の戦後史』講談社現代新書
山田昌弘（2000）「パラサイト・シングルvs.フェミニスト」『中央公論』10月号
吉川洋（1999）『高度成長』読売新聞社

第 2 章　自然と共生する人間環境の視点

1　生命の誕生と生物の多様性

(1)　地球の出現と生命の誕生

　ビッグバンにより太陽が約100億年前に出現し，それから55億年ぐらい経過して，地球は他の太陽系惑星と一緒に誕生したとされている。ここでは，この地球上で生命がどのようにして誕生したか最初に考えてみよう。古代ギリシャのアリストテレスの時代から，長い間生物は自然に発生するものと信じられてきた。たとえば，オタマジャクシは泥水から，ホタルは露から，ウジは腐肉からわいてくるといった具合であった。しかし，19世紀になってフランスのL.パスツールは自分で考案した「白鳥の首型フラスコ」を使用して，生物の自然発生説を科学的に否定した。ほとんど同時期に，イギリスのC.ダーウィンは有名な『種の起源』を著しており，そのなかで生物の種は神の創造によるものではなく，長い間に下等な生物から進化して生まれたものであると説いた。現在においては，生命は物質の進化で誕生し，その後生物が独自の進化を成し遂げたと理解されている。

　ここで，生命誕生のクライマックスに入る前に，太陽系惑星における，水（H_2O）の存在状態を考えてみたい。それは水が生物自身の細胞体のみならず，体内での化学反応においても重要な役割を果たすからである。地球に比べて太陽から遠方にある火星では，水が液体状態ではなく，固体の氷として存在することが知られている。それに対し，地球は太陽からの距離が適当な位置にあるため，液体の水が存在する唯一の惑星であり，地球は生命の存在する唯一の惑星である。

　地球が誕生した当時には，水とともに水素，窒素，二酸化炭素，アンモニア，メタン，硫化水素，シアン化水素などの始原物質といわれる簡単な気体状の物

質が豊富に存在していた。これらの始原物質が太陽光や空中放電などのエネルギーによって，水中で化学反応を受けてアミノ酸，塩基，糖などの簡単な有機化合物へ変化した。この推測は，現在では「ミラーの実験」としてよく知られている再現実験で証明されている。その後十数億年の長い年月をかけて，化学物質の「化学進化」が水中でつぎつぎに起きて，タンパク質，核酸，多糖類，脂質などの現存の生物の構成成分と同じ物質に化学的に重合した。海中の粘土の表面で，これらの高分子化合物が，高度に機能化された集合体としての「コアセルベート」へと組織化された。高度な生物機能の一つとして，遺伝子と同じように特定の形質を次代に伝える働きをもった物質集合体が形成された。このようにして化学進化と呼ばれている一連の化学反応を通じて，自己の形質を新しい生命体に引き継ぎ，さらに物質代謝をして自己を維持できる原始的な原核生物が誕生した。これが今から約38億年前のこととされている。

(2) 細胞の進化と光合成生物の誕生

原始の海で誕生した単細胞の原始生命体は，時間の経過にしたがって，体内にあるDNAのような遺伝情報源に変異が起きて，種々の個性をもった細胞に

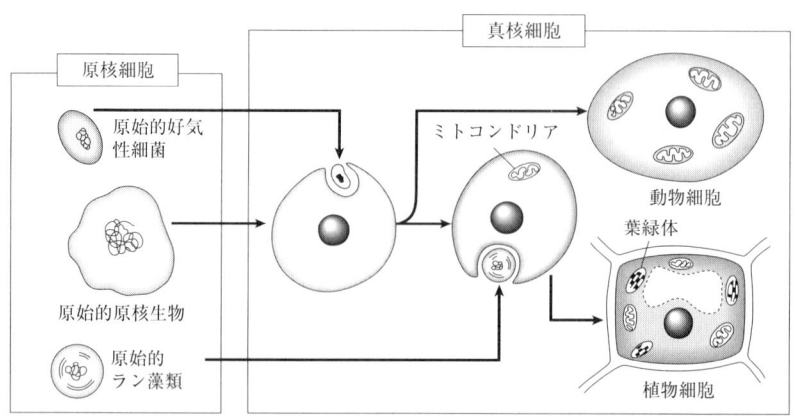

ミトコンドリアや葉緑体には独自のDNAがあり，これらの器官の外膜は細胞膜とよく似ている。また，葉緑体はラン藻類に，ミトコンドリアは好気性細菌類に似ていることから，これらの原核生物が共生することによって真核生物が生じたと考えられる（共生説）。
出所：田中ら監修『総合図説生物』187ページ

図2.1　細　胞　の　進　化

変異した。これとは別に、これらの細胞体どうしが互いに集合体をつくって進化する方法もあったであろう。その当時の棲息環境は依然として無酸素状態であり、新しく生まれた共生体は有機物しか利用できない「嫌気性の従属栄養生物」であった。その後二酸化炭素を固定し光合成をする器官としての葉緑体を取り込んだ細胞や、エネルギー工場の役割をするミトコンドリアをもった生命体も出現した。簡単な原核細胞から真核細胞への進化については、共生説や膜進化説で説明されている。いずれにしろ、当時の環境に適応しながら進化した生命体も生き残り、現在の動物や植物の祖先に相当する生命体へと進化したものも現われた。

このように水中での長い生物進化の過程を経て、二酸化炭素を利用して光合成のできる「独立栄養生物」が出現した。生物の光合成反応によって生成された酸素を利用し、多量の生物エネルギーATPが生産できる「酸素呼吸生物」も現われた。年月が経つと、光合成によって水中に酸素が蓄積して充満し、いまから20億年前ころから、水中で飽和した酸素が大気中にも拡散していった。しだいに酸素の濃度が増えて、4～5億年前には地球が好気的な環境に変わり、現在の大気とほとんど同じ約20％の酸素の濃さに達し、生物界に大きな変革が起きた。

(3) 生物の陸上進出と多様化

海水中での長い生物進化の過程を通じて、カンブリア紀（5～6億年前）は単細胞から多細胞生物への進化が活発に行われた時期であり、オルドビス紀には下等な魚類が出現した。一部の生物は光合成能や酸素呼吸能を獲得し進化の進んだ生物に変革していった。

光合成反応の副産物としてつくられた酸素分子（O_2）の一部が、化学反応によってオゾン（O_3）に変化した。これが成層圏にゆっくりとオゾン層として形成されていった。生物の活動によって、間接的にオゾン層が形成されて、生物は陸上に進出しても太陽光線による紫外線障害の悪影響が少なくなり、陸上でも生活できるようになった。これが、今から3～4億年前のことで、まずコケ類などの植物が陸上に進入し、その後動物も続いて進出していった。

変化に富んだ開放的な地上の自然環境のなかで，生物は種々の形や大きさや色を変えて，いろいろな場所に生育できる多種類の生物種に進化して多様化した。さらに，獲得した酸素呼吸能によってエネルギー生産の効率が上昇して，生物の行動は質・量ともに豊かになり，生物の進化が加速されて，高度な生物活動のできる生物も誕生した。石炭紀（おおよそ3億年前）には，植物ではシダ類や松柏類，動物では爬虫類の進化が顕著であった。三畳紀，ジュラ紀，白亜紀にまたがる中世代には恐竜の時代を迎え，シダ，イチョウ，ソテツなどの裸子植物が繁茂していた。2億年前ごろに小型の哺乳類が出現し，夜行性で恐竜の攻撃から逃れて生き延びた。今から6500万年前の新世代になって，突然恐竜が滅亡し，哺乳類と顕花植物が著しく発達した。現在の地球上に存在する生物種は，未同定の種を含めて数千万種ではないかと考えられているが，動物では昆虫類，そして植物では顕花植物に大きな繁栄がある。

　生物の38億年間の歴史は，新しい生物種の誕生と進化の歴史であるとともに，生存している生物種の絶滅の歴史でもあった。人類誕生以前においては，生物種の絶滅は，長い地球の歴史の間に起こった地球の環境変化（たとえば温度変化など）によるものであった。しかしながら，近年の人間活動は，乱開発によって地域の自然環境を改変したり，有害物質の排出による環境の悪化を引き起こしたり，さらに特定の生物種を乱獲したりして短期間に多くの生物種にダメージを与えている。今日，数多くの生物種が絶滅の危機に瀕していることは地球生態系にとって重大なことであり，われわれが早急に保護に取り組まねば，地球の未来はなくなる。

2　生物の活動と環境

(1)　人類の誕生と文化の萌芽

　生物は水中や陸上で進化を続け，自然環境に調和しながら共存共栄のシステムで多種多様な生物種へと大きく繁栄していった。約38億年前の生命の誕生からみるとつい最近に当たるが，約320万年前にわれわれ人類の祖先がアフリカで誕生した。人類が誕生できたのは，この地球が多種多様な生物の共同作業

によって，人類が生活できる地球生態系（地球環境）に改良されていたからである。猿人，原人，旧人とつぎつぎと進化して，ついに数万年前に現存の人類の直接の祖先に当たる新人が誕生した。人類は食料を求めて地球上の各地へ移動し，時間をかけてつぎからつぎへと新天地へ進出していった。人類も誕生後のかなりの期間には，他の動物と同じように周囲の動物を捕獲したり植物を採取して暮らしていたに違いない。

　その後，多くの人類は定住し，試行錯誤の繰り返しで野生の動植物の品種改良や育種を成し遂げ，牧畜および農耕生活へと変わった。いつの時代でも人類は，常に他の生物群と共存して，自然界のなかで「循環」しながら一つの生態系を形成して，すなわち「共生」して，長い間農業生活を営んできた。人類は，生活している環境に基づいて，他の生物とは区別される独自の文明や文化を創造して，人間社会を形成して大きく繁栄してきた。たとえば，サバンナ農耕文化，根栽農耕文化，地中海農耕文化および新大陸農耕文化といったようにそれぞれの地域で独特の食文化をつくったり，衣生活や住生活，さらに美意識などについても特徴ある文化をつくりあげてきた。

　人類が地球上に誕生後かなりの年月を費やして，やっと農業革命を成し遂げたが，この時代でも他の動物と同じように生態系のなかの一員にすぎず，むし

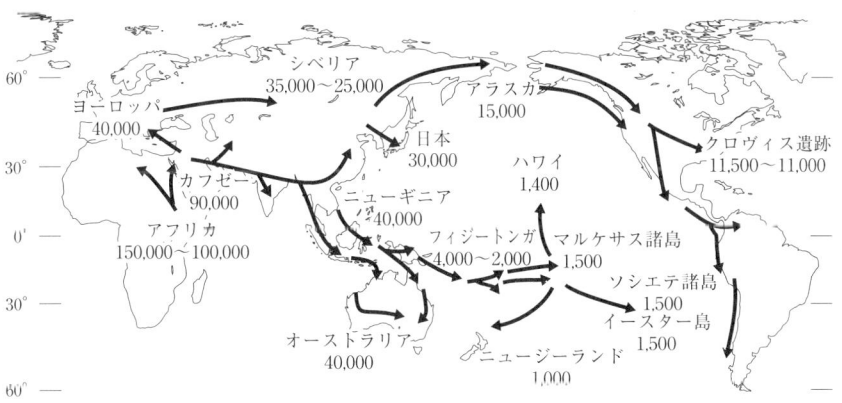

注）数字は，新人が移住したおよその年代を示す（単位は～年前）。
出所：藤平『環境学入門』85ページ

図2.2　新人の拡散

ろ人間にとってはいかに環境に調和して生き残るかが重要な課題であった。自然の猛威と闘い，自然に挑戦して，自らの生活環境を人間に都合よく改造することが，自らの利益になり幸福につながると信じてひたすら行動を続けてきた。数千年前にはエジプト文明，メソポタミア文明，インダス文明さらに中国文明などの古代の四大文明が形成された。この頃には人間がさまざまな道具を用い，集団で大規模な活動を行うようになってきた。この時代には，たとえ一時的に人間活動によって環境が改変されても，自然の復元力によって環境は元の状態に回復していたが，人間の活動が環境に影響を及ぼすことも多くなってきた。たとえば，紀元前2000年頃栄えたクレタ島のミノア文明は，森林破壊によって滅亡したが，それに代わってペロポネソス半島には別のミケーネ文明が繁栄した。このように当時の文明は，荒廃した環境から別の恵まれた環境の地へと場所を変えながら繁栄を続けてきた。

(2) 生物の相互作用と生態系の形成

地球上には簡単な単細胞の微生物から高等な多細胞の動物や植物，さらに人類まで多種多様な生物群が，直接的あるいは間接的な関係を保ちながら持続的に生活してきた。これらの多様な生物種が，同種あるいは異種の生物間や自然環境との間で相互に作用を及ぼし，そして均衡を保ち，「共生して循環」しながら繁殖を繰り返してきた。

生物学の一領域である生態学（エコロジー）では，陸上，陸水，海洋などの一定の範囲内に生息する生物群集（生物環境）とそれをとりまく非生物的自然環境（無機的環境）との間で形成される自然のシステムを「生態系」（エコシステム）とよんでいる。その生態系をつくっている生態系要素としての生物群集はさらに生産者，消費者，分解者に大別される。非生物的環境には土壌，水，大気，温度，光などがある。この生態系の動的平衡状態は，自然環境の経時的な変化と生物の進化や適応によって形成されてきたものであり，かりにその平衡が崩れると元の状態に復元するのにかなりの時間を要する。地球生態系における物質循環やエネルギー吸収は，「食物連鎖」として知られている食う・食われるの関係を通じて行われ，これで平衡状態が保たれている。

まず生産者である植物が光合成によって，物理エネルギーとしての太陽の光エネルギーを代謝生産物としての糖類である化学エネルギーに変えることから始まる。これで無機の二酸化炭素が水の存在下で有機物の糖類に変換され，これが生物系における「物質循環のベース」となっている。消費者である動物は生産者を食物としており，分解者としての細菌類や菌類は生産者や消費者の遺体や排泄物を分解し大部分は無機物に変えている。このように，生態系のなかでは，植物，動物，微生物とそれらをとりまく環境との間で，たえず「物質の循環」が行われていることになる。消費者としての動物群はさらに植物を直接食す草食性動物を一次消費者といい，これらを食べる肉食性動物を二次消費者，肉食性動物を食べる動物は三次消費者のように細分される。通常の安定している生態系においては，食物連鎖や生態ピラミッドによって生物相互間の平衡が維持されている。

　つぎに，「生物濃縮」についても述べておきたい。生物の生活環境にはごく微量しか存在しない物質が，生物の体内に蓄積し，その濃度が外部の環境よりも高くなることがある。有害な有機化合物や重金属は，外界に微量に存在しても生体内で分解されたり体外に排出されたりしない場合が多い。そのため，このような物質は食物連鎖をとおして上位の捕食者の体内でしだいに高濃度に蓄積を起こし，害作用を及ぼす可能性が高くなる。たとえば，水俣病の原因物質として知られている有機水銀がどのようにして人間の頭髪に高濃度に蓄積するのか阿賀野川の調査例でみてみたい。有機水銀を 0.1 ppm 含む工場廃水が川に排出されたとすると，川の水で希釈されて 0.0001 ppm 以下になる。しかし，そこに生息している水生昆虫には 3 ppm の有機水銀が取り込まれ，その水生昆虫を餌にする小魚では 5 ppm になり，さらに大形魚類では 20 ppm に増加する。このような生物濃縮で約 20 万倍に濃縮される。最後に魚を食べる人間では，頭髪中に 570 ppm も含まれていた。

(3)　人間活動と環境

　人類を含めた全ての生物は，いつの時代でも外界のさまざまな「自然環境」と深くかかわって生活している。この自然条件，すなわち自然環境には温度・

湿度・光・風・音などの物理的要因や，天然化学物質や合成化学物質などの化学的要因および外敵や病原菌などのように他の生物とかかわりあう生物的要因もある。このように生物の意識や行動に対して相互作用を及ぼしあう外界のことを環境というが，人間社会の環境には，他の生物とは異なり，自然的環境のほかに政治や経済のように「社会的環境」および教育や宗教のような「文化的環境」も含まれる。

　それぞれの環境要因は，一定普遍のものではなく非常に変化しやすいものである。これらの環境要因は単独で変化することはほとんどなく，複数の環境要因が関連しあって変化する場合が多い。したがって，環境要因は生物に対して単独で作用することもあるが，相互に影響しあって作用することが多いので，その影響は総合的に考えなければならない。

　われわれの人間活動と密接な関係がある自然環境には，二つの大きな要素があるといわれている。一つは，物質的な面である。すなわち，人間活動に必要な資源やエネルギーを提供する環境であり，逆に人間活動によって発生する排出物を浄化する環境でもある。地球の環境から提供された資源・エネルギーによって，人間の社会生活は豊かで文化的に営まれるが，この資源・エネルギーはあくまでも有限であることをわれわれは十分に認識しておかねばならない。これとは反対に，生活のなかからでるごみや排出ガスなどの廃棄物は，一定量までの有機物は微生物によって分解されて植物の栄養となり，利用される。しかし，排出される量が自然の浄化能力を超えると，浄化できずに蓄積し環境悪化を引き起こす。

　もう一つの重要な要素は，精神的文化の面である。各地域の気候風土や景観などを通じて，地域に根づいた独自の文化や人間性の形成に深くかかわっている。

　環境と人間活動の関係は，人間活動が地球生態系の循環メカニズムのなかに組み込まれて密接にかかわっている。人間活動によって資源・エネルギーの消費量が増大したり，自然の浄化能力を超える排出物を出すと，自然の循環メカニズムが破壊されて環境悪化を招くことになる。太古の昔から現在に至るまで

人間は地球上の資源・エネルギーを利用し，文明を築き生活を豊かにしてきた。しかし，産業革命以降には人口増加もともない，環境の急激な改変が始まった。とくに，20世紀の後半に入り，人間活動が指数関数的に拡大して急速な物質文明の隆盛が起き，環境は短期間で質・量ともに大きく悪化の方向へ進んでいる。そのため，人間の生存や社会活動にも大きな悪影響を及ぼすようになってきて，他の多くの生物の生存に対しても危機的状況を招いている。このような現象が今日の環境問題であり，人類誕生以来はじめて経験する大問題となっている。

3 人間活動による環境の変化

(1) 環境悪化を誘発する要因
① 人口問題

人間の祖先は，二足歩行して道具を使い言葉をもつ猿人として，今から320万年前ころ地球上に誕生し，今から数万年前には新人と呼ばれるホモサピエンス（*Homo sapiens*）へと進化してきた。さて，誕生当時の新人の人口については，おおよそ100万人程度であったといわれており，この頃までの人類は，他の動物と同じように生物の一員として暮らしていた。食料の不足や気候の変化あるいは伝染病の流行などの環境変化によって，人口は減少したり，また回復したりしながらも，維持されていたに違いない。

今から約1万年ほど前には，人間が定住して農耕・牧畜を始めるようになると生活も安定し人口も増加してきたと考えられる。このように古い時代の正確な人口を推計することは困難ではあるが，多くの人口学者によって，5000年ほど前の地球の人口は数千万人で，2000年前すなわち西暦元年の人口は約1億人前後に達したと推定されている。

その後も気候，食料，病気などさまざまな環境要因の影響によって，人口は急激に増加することもなく，千数百年にわたって少しずつ増えてきた。そして今から300年ほど前の西暦1700年頃には，地球の人口は約7億人に達し，1800年には，約10億人に増加したとみられ，その100年後の1900年の人口が約15

億人と推測されている。したがって，18世紀の100年間で人口は約3億人増加し，19世紀の間には約5億人増加したことになる。

20世紀に入ってからの人口増加はとくに著しい。20世紀の幕開けには15億人であった世界の人口が，1950年時点では25億人に達している。20世紀の前半には世界の各地で大きな戦争も起き，多数の人命が失われたにも

表2.1　世界の人口の変化

年代	世界人口	増／百年
西暦　元年	1億人	2％増
1000年	2億人	7％増
1500年	5億人	1.2倍
1800年	10億人	1.3倍
1900年	15億人	1.5倍
2000年	60億人	4.0倍

出所：高木『地球村宣言』117ページ一部改変

かかわらず，50年間で10億人の人口増加があった。その後25年たった1975年には，世界の人口は15億人増えて40億人に，そして2000年には60億人を超えている。この50年間に世界人口は2.4倍に増加したことになり，まさに大爆発である。日本においても，明治維新からの100年間は開国，近代化，戦争，民主化などまったく激動の時代で大繁栄の時代でもあったので，人口が急増し4倍にもなっている。世界人口は今後も増加を続け，2010年には約72億人になり，2025年には約85億人にまで増加すると予測されている。

つぎに，世界の人口増加率を地域別にみてみたい。1950年代には先進地域が33％で，開発途上地域が67％の割合であった。1990年になるとそれぞれ23％および77％になり，開発途上地域の人口が急激に増大している。この傾向は今後さらに大きくなると予測される。2020年以降になるとヨーロッパや日本の人口増加率がマイナスになり，中国とインドの人口が突出して人口大国になることが確かになっている。

人口が急増すると食料，資源，エネルギーが不足し，さまざまな環境問題が発生するという環境収容力に関して論議されている。人口増加率の高い国や地域に対しては，家族計画の普及による人口増加の抑制を図ることが重要な課題であるが，現在までその成果はわずかしか得られていない。この目標を達成するためには，単なる家族計画の推進だけでなく，女性の経済的・社会的地位の向上や教育機会の増強，政府の人口政策，避妊知識の普及などの総合的な取組みが求められる。

② 食料問題

　人口が増加すると，人類は生存のために食料を増産しなければならない。しかし，世界の穀物生産量は頭打ちの状態であり，耕地面積はむしろ減少してきている。食料不足については，古く18世紀末にイギリスのT. マルサスが著書『人口の原理』のなかで，人口増加による食料不足を指摘している。

　国連食料農業機関（FAO）による最近の調査では，先進国の人口増加率は1％で，農業総生産増加率は1.1％である。これに対し，開発途上国においては，人口増加率が2.7％で，農業総生産増加率は0.6％である。したがって，開発途上国で食料が不足することが明確である。開発途上の地域では，耕作地の拡大のために森林を伐採し，焼畑農業に依存しているため，急速に森林が失われている。このような，いわば略奪的農業によって，森林は破壊され，その土地はやがては農耕地にならない荒れた草原や砂漠へと変化していくことになる。

　世界の穀物の生産総量は，技術革新で生産量が増加した時期もあったが，1980年代前半からはほとんど増えていない。農地に関しても1980年代から増加していないので，1人当たりの穀物生産量はむしろ減少傾向にある。地域別にみると，アフリカと中南米での減少が著しい。とくに，アフリカでは人口増加，土地の劣化，異常気象，政治・経済的混乱などさまざまな原因が重なり食料が欠乏していることが，世界の常識になっている。

　世界の穀物の年間生産量は約18億tで，人間が穀物だけを食べるとすれば，約120億の人口が養える量といわれている。開発途上地域では穀物の約90％が食用になっているが，先進工業地域では25〜35％のみを食用とし，残りの65〜75％は家畜用飼料とされている。たとえば，ウシ，ブタ，ニワトリの肉を1 kg生産するために，穀物がそれぞれ8 kg，4 kg，2 kg必要なのである。この例からも，われわれの食生活パターンの相違によって，食料の必要量が大きく変わってくることが理解できるであろう。

　また，限られた農地からの生産性を高めるために殺虫剤，殺菌剤，除草剤などの農薬と窒素・リン・カリウム（N・P・K）を含む化学肥料が大量に使用され，農作物の収穫量を増やしてきている。しかしその一方で，農薬は広範囲に

拡散して人間や他の生物に悪影響を及ぼし，農薬に耐性をもった生物種も増加させている。有機肥料をほとんど使わず，化学肥料に大きく依存した農業を続けると，農地の塩害やアルカリ化を進行させて，土壌の生産力低下を招くことになる。

最後に，日本の食料事情についてみてみたい。日本の農産物として，米，野菜，果物，畜産物の自給率は高いが，小麦，大麦，大豆，家畜の飼料などの自給率は非常に低く，大部分を輸入に依存している。日本の食料自給率はカロリーベースで約40％という低さで，先進諸国のなかでは最低の自給率である。自立した一流の先進国とは，他の国に迷惑をかけない国であるといわれている。食料に関していうと，日本は，小麦，トウモロコシ，大豆など2600万tも輸入しており，これだけの作物を生産するためには日本の農地の約2.4倍に相当する1200万haの面積を必要とする。食料などの農作物を大量に輸入すると，開発途上地域の輸入機会を奪うことにもなるし，輸出国の環境破壊につながることもあるから，間接的に迷惑をかけることになる。

アメリカなどの食料輸出国は，食料や飼料としての農作物を，外交戦略の強力な武器として最大限に利用しているわけである。宇宙衛星による遠隔探査で相手国の農作物が豊作か凶作かを予想し，これをもとにして外交戦略をたてる「食料安全保障」も日常化している。食料のアンバランスは先進国間のみにとどまらない。先進国と開発途上国間や南北間に存在する慢性的な食料のアンバランスは，今後の人口増加によってさらに拡大するものと予想される。

今後，世界の食料需要は，開発途上地域での人口増や消費水準の変化などによって確実に増加すると予想されるが，供給面では耕地面積の増加余地は乏しいので，今後の農業技術の向上と改善による収穫増を期待しなければならない。さらに今後も食料分配の不均衡，すなわち開発途上地域での不足と先進地域での余剰が続くと予想されるので，これをどのように克服するかが大きな課題である。

③　資源・エネルギー問題

人類は，誕生まもない頃には野生動物と同様に，食料などの資源は自然から

採取し，そしてエネルギーは自分たち人類の体力に頼って生きてきた。1万年くらい前からは農耕文明を身につけ，野生の動物を家畜化し，家畜のエネルギーを農耕や運搬に利用するようになった。古代の巨大建築物のピラミッドや万里の長城などの工事にも，人畜エネルギーが使用されたであろう。18世紀の産業革命以降になって，石炭を燃料にして蒸気機関を働かせて力のエネルギーを獲得し，これを動力源とする工業制度ができた。その後は，熱や力のエネルギーでタービンを回して電気エネルギーに変換し，電力が動力源，熱源，光源などとして幅広く使われるようになった。電気エネルギーはエネルギーの輸送が容易で，そのうえクリーンでもあるので，現在の科学文明の発展を支えている。

日本の1997年度における一次エネルギー総供給は，石油（55.2％），石炭（16.4％），原子力（12.3％），天然ガス（11.4％），水力（3.4％），その他（1.3％）の順である。1970年度の石油（71.9％），石炭（19.9％），水力（5.6％），その他（2.5％）と比べると輸入化石資源の割合が減少はしているが，依然石油の輸入に大きく依存している。

エネルギーは生活に重要なので，エネルギーの安定的かつ合理的な供給のための「エネルギー安全保障」の考え方がある。日本でもエネルギー輸入量と二酸化炭素の排出量の減少という二つのアプローチで，環境負荷の削減とエネルギー効率の向上に取り組んでいる。また，太陽光，太陽熱，風力，地熱などの自然エネルギー（再生可能エネルギー）への転換により二酸化炭素排出量などの環境負荷を減少する技術の普及も求められている。

1998年頃から日本でも新エネルギーとしての風力発電施設が多数誕生して脚光を浴びているが，風力や日照量などの地域性を考慮すると太陽光や太陽熱による発電量にも期待が寄せられている。別の新エネルギーとして，大量に発生する廃棄物を資源とする廃棄物発電に将来は転向すべきである。もう一つは，需要側の環境対策である省エネルギーを支援するアプローチで，夜間につくった冷温熱を蓄え，昼間に利用する蓄熱式空調システムは非蓄熱式に比べて大きな省エネ効果があるといわれている。また，河川水や下水と外気との温度差を

表2.2 自然エネルギーの種類

エネルギー源	エネルギー形態	利用方法
太陽	熱エネルギー 光エネルギー	太陽熱発電 ソーラーシステム 太陽光発電
風力	運動エネルギー	風力発電 風力多目的利用
中小水力	位置エネルギー	水力発電 中小水力多目的利用
地熱	熱エネルギー	地熱発電 地熱多目的利用
バイオマス	化学エネルギー	アルコール燃料利用 バイオガス利用
海洋	運動エネルギー（波力） 位置エネルギー（潮汐） 熱エネルギー（温度差）	波力発電 波力多目的利用 潮汐発電 潮汐多目的利用 温度差発電 温度差多目的利用

出所：川合ら『明日の環境と人間』227ページ

利用したり，清掃工場の未利用エネルギーを活用する地域熱供給システムの導入や，高効率のエネルギー供給が可能な燃料電池の開発による，小型の家庭用燃料電池や燃料電池自動車の実用化が期待されている。

さて，原子力エネルギーはほとんどすべて発電に使われており，現在原子力発電の電力供給率をみると，日本では35％，世界全体でも17％を占めている。原子力発電は燃料資源のウランなどの産出国が分散しているので，適切な価格で購入できるし，二酸化炭素を発生しない利点はあるが，保守管理の安全性や核廃棄物の処理などに対しては問題がある。そのために，日本，フランス，中国など数ヵ国以外の多くの国では原子力発電から離脱する方向で進んではいるが，代替エネルギーの確保の方向が決まらず困惑の状況がおきている。それでも，ドイツは30年かけて原子力発電から撤退することをつい最近決めた。

つぎに資源についてであるが，農林水産物や鉱物など天然に産出し，産業を支える原材料物質は資源と定義されているが，これらの天然資源には「枯渇性

資源」と「非枯渇性資源」がある。枯渇性資源は，化石資源や鉱物資源のように使うと減少して消失する資源であって，その量には限りがある。非枯渇性資源とは，動植物類やそれらの代謝産物などのバイオマス類のように一定期間で再生可能である。

ここで，日本の経済活動における物質の利用状況として，1997年のマテリアルバランス（物質の収支）を概観してみたい。自然界から採取された資源量は18.8億tで，そのうち国内の資源採取が11.8億t，海外からの輸入量は7.0億tである。製品などとしての輸入量が0.7億tあるので，経済活動に投入された資源の全量は19.5億tであった。また，1997年において，新たな蓄積量は12.0億t，不用物として排出された量は8.6億t，そして再生利用量は2.1億tであった。

日本の生産活動は，90％近くが国内および国外から採取されたバージンの天然資源に依存しており，再生利用率は10％のみである。国内におけるマテリアルフローは循環性が低く，資源採取から廃棄に向かう「一方通行型」（ワンウエイ型）であることが明白である。まさに現状が「大量生産・大量消費・

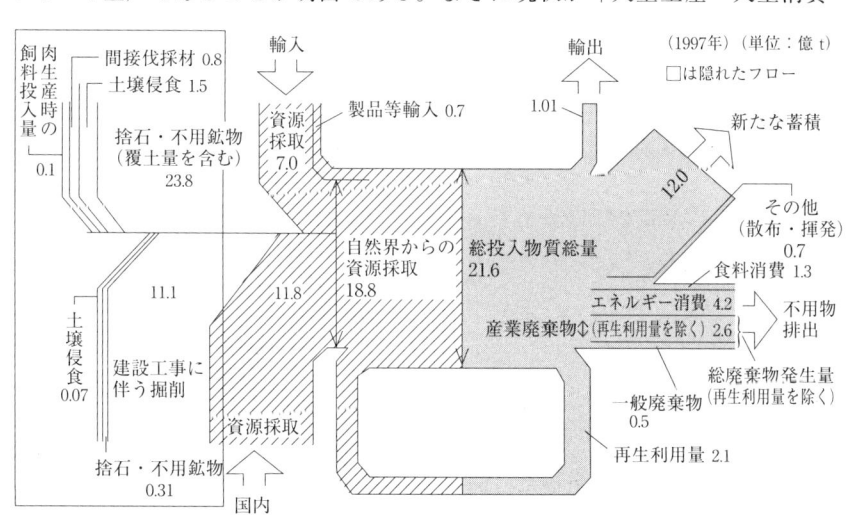

注）水分の取り込み（含水）等があるため，産出側の総量は物質利用総量より大きくなる。
資料：各種統計より環境庁試算
出所：環境庁『環境白書（総説）1999年版』96ページ

図 2.3 日本のマテリアルバランス

大量廃棄」の経済社会であることを表わしている。このようなわれわれの経済社会活動にともなう環境負荷は，資源採取によるものと，不用物を廃棄物として排出することによるものがある。

マテリアルバランスの新たな蓄積は，耐用年数が経過すると作り直されたり，建て替えられたりする。現在存在しているものは，そのうちに廃棄物となるので，廃棄物予備軍ともいえる。さらに，この廃棄物予備軍が将来的に膨大な廃棄物となることが読み取られるので，大部分を再資源化して利用していかなければ，膨大な環境負荷が発生することになる。このマテリアルバランスからも，再生利用の流れを太くしていくことが重要であることが明らかである。これによって，資源と環境の両面から環境負荷を最小化する「循環型経済社会の構築」にもつながるものと思われる。

(2) 科学技術の発展と環境問題
① 科学技術の二面性と環境倫理

科学技術には，極端にいうと善と悪との二面性があるといわれている。一つは，この美しい自然を愛し，愛するからこそ深く知りたいという欲求から，自然をさまざまに解釈し鑑賞するソフトな顔である。もう一つは，科学技術の力によって自然を征服し，利用し，われわれの行動を拡大していこうとするハードな顔である。

科学技術と環境問題の関係を考えるとき，悪化を招いている現在の環境を科学技術が解決に役立つことができるのか，それとも逆に環境悪化をさらに進行させる原因となるのかという議論がある。この議論においても善と悪に相当する両極の主張がある。一方の「技術楽観主義」では，人間のつぎつぎと開発する科学技術力は無限であり，将来開発される科学技術によって環境問題が克服できるとする科学技術に絶対的信頼をおく考え方である。これに対して，「ガイア主義」では，環境悪化は科学技術では克服できず，自然の生産力や浄化能の範囲内で人間は行動すべきである。科学技術に対して強い懐疑をもち，自然を最重視する主張である。

現在の環境は，たとえば，ごみ問題や二酸化炭素の排出抑制の問題などにつ

いても，人間の価値観や倫理観と深くかかわる。地球環境は20世紀に入って悪化の一途をたどっており，生存可能な地球環境を次世代に残す方法を解決するために，新しい環境倫理が求められている。加藤は環境倫理学の三つの基本主張として，つぎのように述べている。

自然の生存権　人間だけでなく，生物の種，生態系，景観などにも生存の権利があり，人間最優先主義を否定し，人間以外の生物種，生態系，自然景観などにも生存の権利があることを認めること。

世代間倫理　現代の世代が環境を破壊し，資源を枯渇させれば未来の世代への加害的行為になるので，現存世代は未来世代の生存可能性に責任をもたねばならない。

地球全体主義　地球上で利用可能な食料，資源，エネルギーなどの総量は有限であり，それらの配分は公正であるべきである。

したがって，環境の時代であり科学技術の時代でもある現在に生きているわれわれ人間としては，このような環境倫理をふまえて，科学技術の社会的役割やリスクについて的確に把握する複眼的思考力を養わなければならない。

② 環境修復とバイオテクノロジー

バイオテクノロジー（生物工学）とは「生物自体や生物機能を効果的に利用したり模倣したりして，われわれの生活を豊かにする技術」と定義される。そのバイオテクノロジーには，遺伝子組換え技術，細胞培養技術，細胞融合技術，バイオリアクター技術などの基本技術がある。健康増進・食料生産・エネルギー生産・環境保全など広範囲な分野で多彩に展開されている。さて，環境科学の分野で従来から取り組まれている生物処理や自浄作用を利用した水質改善なども，このバイオテクノロジーに含まれることになる。とくに近年は，人間の経済活動が自然浄化作用の限界を超えて環境悪化を招いているので，バイオ技術が環境浄化に向けて多様に取り組まれている。そのうちここでは，バイオレメディエーション（Bioremediation）について述べる。

バイオレメディエーション（生物学的環境修復）は，バイオテクノロジーの潜在力を利用して環境修復を行うバイオコンバージョン技術の一つである。従

来の生物学的廃水処理とは異なり，より積極的に難分解性物質や有毒物質をターゲットとして，特殊なメカニズムにより分解し，無毒化あるいは有用物質に変換する技術である。

　バイオレメディエーションは，生物機能を活用して汚染した環境を修復することであり，欧米において環境問題の重要なテクノロジーとして広く普及している。石油で汚染された海域の浄化，工場汚染，地下水の汚染修復などによく使われている。とくに，土壌や地下水の大規模汚染が，日本をはじめ世界中の工業国で深刻な問題となっており，バイオレメディエーション技術の開発は非常に重要である。バイオレメディエーションに用いる微生物としては，汚染した地区に棲息している微生物群をスクリーニングして，その微生物群の作用を活用して有害化学物質を分解する場合と，人工的に培養した微生物を用いる場合とがある。天然から分離した微生物に遺伝子操作を行い，より高いレベルに有害化学物質分解活性を増強した微生物を造成し用いることもできる。

　バイオレメディエーションにはつぎのような特徴がある。地中の汚染物質を分解するにはバイオレメディエーション技術が最適である。

(ア)　自然のプロセスを利用し常温・常圧で反応が進むので，省資源・省エネルギー型の技術である。
(イ)　薬品をあまり使わず生物の機能で汚染物質を分解・無毒化するので，二次汚染がなく恒久的である。
(ウ)　原位置での汚染修復が可能である。
(エ)　低濃度で広範囲の汚染浄化に適用できる。
(オ)　他の処理と比較してコストが低い。
(カ)　浄化に時間を要する。
(キ)　種々の物質で汚染されている場合は技術開発を要する。
(ク)　生分解されない汚染源には適用できない。

バイオレメディエーションには，つぎの三種類の処理システムがある。

a　固相処理法

固相処理法（Solid phase bioremediation）は，現地あるいは他地区に土壌処理

ユニットを設計・設置し，そのなかで通気，攪拌，栄養塩の添加などを行って浄化する方法である。表層土壌の油や有機溶媒など，易分解性汚染物質の浄化に適している。

b　スラリー処理法

スラリー処理法（Slurry phase bioremediation）は，掘削した汚染土壌から大きな固形分を取り除き，水を加えて汚染土をスラリー状とし，スラリーバイオリアクターを用いて土中の有害化学物質の微生物分解を行う方法である。有害化学物質の濃度が高い場合や難分解性化学物質で汚染された工場の浄化に適した汚染修復技術である。

たとえば，除草剤として使われた2,4-Dや，ペンタクロロフェノールの除去などに適している。固相処理法に比べて，制御が比較的容易で短期間で処理できるが，処理コストが高い。

c　原位置処理法

原位置処理法（*in situ* Bioremediation）は，土中に栄養塩や酸素，必要に応じて微生物などを注入して有機化学物質の浄化を行う方法である。掘削が不要で費用がかからないうえ，建物などがあっても浄化が可能である。バイオリアクターを用いれば，汚染地下水を汲み上げて処理することもできる。この方法は，地下水の流れなど，地区によって種々の対策を考えねばならず，効率も異なる。

引用文献

石塚義高（1995）『環境革命のすすめ』（ビジネス選書）オーム社
加藤尚武（1991）『環境倫理学のすすめ』（丸善ライブラリー）丸善
川合真一郎，山本義和（1998）『明日の環境と人間』化学同人
環境庁『環境白書』1993年版～2000年版
佐島群巳ら編（2000）『生活環境の科学』学文社
高木善之（1999）『地球村宣言』ビジネス社
田中隆荘，田村道夫，田中昭男（1994）『総合図説生物』第一学習社
中尾佐助（1987）『栽培植物と農耕の起源』岩波新書
藤平和俊（1999）『環境学入門』日本経済新聞社
L. R. ブラウン（枝広淳子訳）（1998）『エコ経済革命』たちばな出版

松尾昭彦,松田哲典,関太郎(1996)「蘚苔植物の脂肪酸組成の多様性と環境による変異」『社会情報学研究』vol. 2,43～56ページ

松原聰(1997)『環境生物科学』裳華房

矢田美恵子,川口博子,佐々木健(1996)『廃棄物のバイオコンバージョン』地人書館

第3章　人間の活動と環境問題の視点

1　物質文明の隆盛

(1)　京都会議から21世紀へ向けて

　われわれ人間の社会活動が，地球生態系に対して悪影響を与えている。人間の経済活動で発生する二酸化炭素などによって，われわれの生活している「緑の惑星・地球」が温暖化し，多くの生物が長い時間をかけてつくり上げた地球生態系が壊されている。

　160ヵ国以上もの国々の政府代表団やオブザーバー，さらに多数のNGOや報道関係者など総勢1万人の人たちが，1997年末に京都国際会議場へ集まった。21世紀に向けて，現代の「大量生産・大量消費・大量廃棄型の経済社会システム」をどのように変革するか，さらには21世紀における地球温暖化を防止するための対策について熱心に議論された。最終日の本会議においては懸案の気候変動枠組条約議定書が採択された。表3.1には，各国の温室効果ガスの削減目標率が示されている。

　この京都会議では開発途上国の二酸化炭素排出量の問題が残されているが，21世紀に向けての節目として重要な会議であった。われわれ地球人は21世紀に向けて「理想とする経済や社会のシステム」を明確にして，地球温暖化問題などのさまざまな環境問題を克服していくために，何が必要か決めて，それを実行しなければならない。

　最近，自動車や電機など主要業界と経済産業省は，地球温暖化の防止に向けた実際の取り組みとして，温暖化ガスの業種別排出削減・排出目標を決めた。二酸化炭素を2010年までに1990年比で自動車業界は20％，鉄鋼業界は10％，電機業界は18％減らすことにしている。また，京都会議では二酸化炭素の排出許容枠を売買する排出権取引の導入が決まっており，二酸化炭素を吸収する

表 3.1 温室効果ガス削減目標

削減率#	締約国
−8%	オーストリア,ベルギー,ブルガリア,*チェコ,*デンマーク,エストニア,*欧州共同体,フィンランド,フランス,ドイツ,ギリシャ,アイルランド,イタリア,ラトビア,*リヒテンシュタイン,リトアニア,*ルクセンブルグ,モナコ,オランダ,ポルトガル,ルーマニア,*スロバキア,*スロベニア,*スペイン,スウェーデン,スイス,英国
−7%	アメリカ合衆国
−6%	日本,カナダ,ポーランド,*ハンガリー*
−5%	クロアチア*
0%	ニュージーランド,ロシア連邦,*ウクライナ*
+1%	ノルウェー
+8%	オーストラリア
+10%	アイスランド

注) *:市場経済への移行の過程にある国。#:プラスは増加を示す。
資料:国連気候変動枠組条約京都議定書附属書Bより環境庁作成。
出所:環境庁『環境白書(総説)1998年版』10ページ

　森林は取引の有力な原資である。企業としての植林による二酸化炭素の削減策や温暖化ガスの排出権を商品取引所で売買することも進んでいる。
　気候変動枠組み条約第六回締約国会議が,2000年11月にオランダのハーグで開催されたが,先の京都会議で採択された「歴史的合意」を実行に移すための合意が得られなかった。会議では森林による二酸化炭素吸収量の扱いをめぐって日米などと欧州連合(EU)が激しく対立して決裂した。「京都議定書」が骨抜きの危機に瀕している。

(2) **経済社会システムの変革**

　20世紀を振り返って,この世紀が何であったか考えてみると,科学技術の世紀,戦争の世紀,難民の世紀,資本主義の世紀,経済発展の世紀などいろいろ思い浮かぶ。いずれにしても,20世紀はわれわれ人間にとって最も「激動の世紀」であったことには間違いないであろう。自然から資源・エネルギーを大量に搾取して,生活に利便な品物を多種多様に,そのうえ大量につくりあげて,それを最終的には大量に廃棄する物質文明が,20世紀のはじめに欧米の

一部の国で始まった。その後，日本などの多くの先進工業国においても，この「大量生産・大量消費・大量廃棄型の社会システム」の形成を推進し，広く普及してきた。

　まず最初に，この経済社会システムを環境悪化招来の視点から考察しなければならない。人間は自然界から採取した資源で生活に必要な品物を生産し，それを消費し，不要になったら廃棄物として自然界に返している。古い時代には，主に天然の資源を材料にして品物を生産し，使用後はそれらの一部は廃棄されていたが，天然産の生物材料でできているものは自然界で分解され物質循環していた。しかし，20世紀の後半になると，経済社会システムが以前とは一変した。原料やエネルギーとして石油，石炭，天然ガスなど化石資源を大量に使い，多種多様な品物を大量に生産してそれを消費し，最後には大量に廃棄している。製品のなかには，自然界には存在しないプラスチックのような人工物質も多数あり，自然生態系のなかで分解できず環境中に残留する。天然産の材料から造った物でも，廃棄が大量になると，環境への負荷が大きすぎて問題を引き起こしている。

　日本をはじめ多くの先進工業国においては，大量の製品を生産するために，化石資源を大量に燃焼してエネルギーとして便利な電力をつくる方法に変わった。石油や石炭などの有機物を燃焼すると，必然的に二酸化炭素などが発生し，温室効果によって地球温暖化が起きる。同時に排出されるNO_xやSO_xを取り除かないかぎり，スモッグや酸性雨の問題も当然起きる。また，企業や家庭から排出される廃棄物の量が増加し，廃棄物の質も多様化してきて，処理・処分に多額の費用や時間を要するようになった。最終処分場としての埋立地も全国規模で不足しており，さらに有害物質による環境汚染の問題が生態系に大きな影響を与えている。

　今日の社会システムのなかから，排出される廃棄物による環境悪化を避けるためには，まず発生する大量の廃棄物を，自然界のなかで資源としてうまく循環使用できるシステムを早急につくり，環境への負荷を少なくしなければならない。さらに，われわれ人間が持続して発展するためには，「自然と共生」し

て人間活動を「環境と調和」させることが必要である。日本では，このような視点に基づき，現在の社会システムを環境への負荷の少ない「持続的発展が可能な社会」へ変革し，「物質循環と自然との共生を確保する経済社会システム」への転換を目指している。そして1993年には「環境基本法」が制定され，これに基づく環境基本計画も策定され，目標達成に向けてさまざまな施策を計画し推進している。地域においても，「環境基本条例」を策定しそれに基づく基本計画を立て，環境保全などの施策を推進している。現在の環境問題のキーワードになっている「持続的発展ないしは持続的開発」(Sustainable Development)という言葉は，1987年の環境と開発に関する世界委員会の報告書で提案され，1992年の地球サミット（リオ・デ・ジャネイロ）のUNCEDで確認されて以来，いろいろなところで使われるようになった。

　現在の環境に大きな影響を与えている物質優先主義の経済システムを，われわれの総意で「循環と共生を中心に据えた経済システム」に変革しなければ，環境悪化はますます進んでいくであろう。これを決断して実行する時期が早ければ早いほど，悪化した環境の復元に時間も短くてすみ簡単にできる。将来生まれてくるであろう未来世代の人たちは，地球温暖化や資源の枯渇のような自らの生活に直接かかわる環境問題に対して，現存世代が行う意思決定にもちろん参加することはできない。現在の環境問題に対して決定権をもたない未来世代に，環境悪化と資源不足の負の遺産を残すような，現存世代の「大量生産・大量消費・大量廃棄型」の経済システムを継続する権利はないはずである。この考え方は前章で述べたように一定の妥当性を有するものと思われ，われわれ現存世代が未来世代の生存権を奪うことを避けるためには，変革を先延ばしにすることはできない。今こそ，経済社会システムを「大量生産・大量消費・大量廃棄型」から，「物質循環を基調にして自然との共生を確保した新しい社会システム」へ変えるために行動しなければならない。

2　地球規模の環境問題

　多くの先進諸国において，人間の経済活動が飛躍的に増大し，そのうえ質的

変異も起きて地球生態系に過大な負荷を与えている。そのために，さまざまな物理的，化学的，生物的環境要素を通して地球環境問題に悪影響が起きている。

環境省は，具体的に取り組むべき地球環境問題として，地球の温暖化，酸性雨，オゾン層の破壊，熱帯林の減少，砂漠化，開発途上国の公害問題，野生生物種の減少，海洋汚染，有害廃棄物の越境移動，の九項目をあげている。地球環境問題のなかには，先進工業諸国と開発途上諸国との間で利害が対立する問題が多い。先進工業諸国においては，「大量生産・大量消費・大量廃棄型の経済活動」への転換によって，石油や石炭などの化石燃料の大量消費による多量の排出ガスが原因で，地球規模での地球温暖化や酸性雨をひき起こしている。

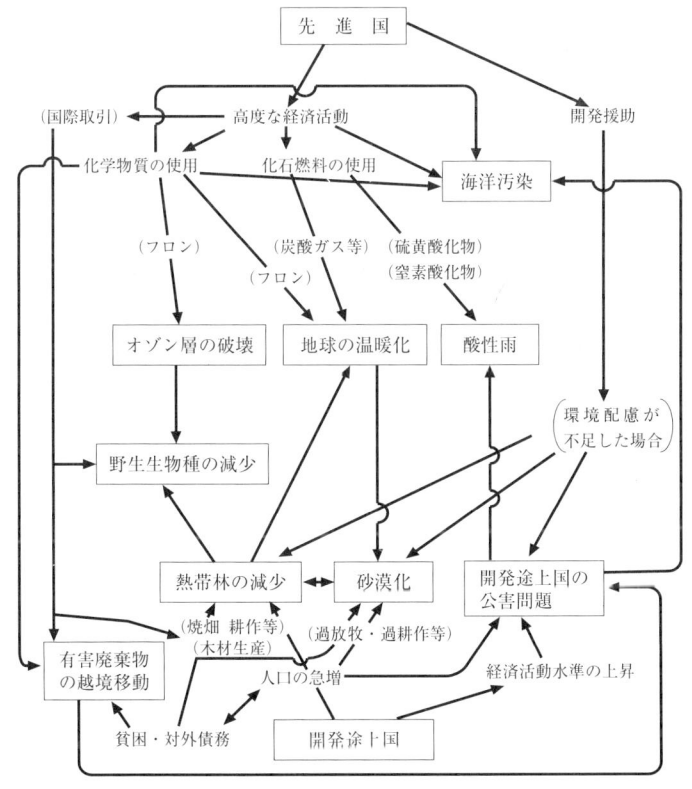

出所：環境庁『環境白書（総説）1990年版』100ページ

図 3.1　地球環境問題の相互関係

またフロンガスによるオゾン層の破壊や人工化学物質の大量生産・大量消費による海洋汚染や野生生物にもさまざま影響を与えている。これらの地球環境問題は，先進工業諸国がひき起こして，開発途上諸国が悪影響を受けていることが多い。一方，開発途上諸国では，急激に人口が増加するので食糧生産やエネルギー獲得のために熱帯林が伐採され，地球上の緑の減少につながっている。地球環境問題はいろいろな要因が相互に影響しながら発生するもので，一つの地球環境問題が他の地球環境問題の原因ともなっているようである。

　われわれの生活は，地球の有限な資源を自然環境から搾取しそれを大量に浪費し，人類の生存基盤である環境を破壊する方向に進んでいる。地球環境の悪化は，とくにもっぱら現存世代の人びとが大きな影響を与えている。しかし，結果としての悪影響を受けるのは，人類を含めた地球生態系のすべての構成員である。さらに，将来の世代のすべての生物群でもある。現在，地球上のいたるところにおいて急激なスピードで環境の悪化が生じ，地球規模の環境問題になっている。ここでは，地球温暖化，酸性雨，オゾン層の破壊および熱帯林の破壊の四項目の環境問題の現状について述べる。

(1)　地球の温暖化

① 温室効果と地球温暖化

　地球の温度は熱源として太陽から直接入ってくる入射熱と地表から出ていく放射熱のバランスによって決まる。地球全体の表面温度が平均15℃ぐらいに保たれて生物の生活に好ましい状態になっているのは，水蒸気，二酸化炭素，メタン，亜酸化窒素，フロンなど温室効果ガスと呼ばれているいろいろな微量ガスが赤外線を吸収するからである。

　温室効果ガスとして影響の一番大きい気体は水蒸気であるが，大気中の水蒸気の濃度は一定の範囲で安定しており，人間の力で制御できるものでもない。それに対し，水蒸気以外の温室効果ガスの濃度は，人間活動の結果で増大し，地球の平均気温が上昇している。これらの温室効果ガスの人為的な地球温暖化に影響する割合をみると，二酸化炭素が一番大きい。そのため二酸化炭素の排出抑制が中心の命題になっている。メタンは大気中の濃度が二酸化炭素の100

分の1以下であるが，二酸化炭素の20倍もの放射熱を吸収して温室効果を発揮する。亜酸化窒素は200倍，フロンガスは1万数千倍もの温室効果をもっているという。二酸化炭素以外の温室効果ガスとして，亜酸化窒素とメタンの相対的寄与が近年大きくなっており，注目を要するようになっている。

② 地球温暖化の影響

地球が温暖化すれば，極地や氷河の氷が溶けて海水面が上昇することが予想されている。1995年に開かれた気候変動に関する政府間パネル（IPCC）の予測では，2100年までに気温は平均1.5～6℃も上がり，海面は14～80cmも上昇するとしている。海面が1m上昇すれば，バングラデシュなどの国々に被害が生じ，世界で約1億2000万人の人びとが住居を失うと推定されている。

海面の上昇は，貴重な生態系である干潟や藻場，マングローブ林などの消滅にも深くかかわる。温暖化は移動能力のない植物にとっては種の絶滅にかかわる致命的な問題である。中緯度地帯では土地の乾燥が著しくなり，アメリカやカナダの穀倉地帯では干ばつになる可能性もあり，アメリカのトウモロコシやメキシコの小麦などは減収になると予想されている。さらに，気温上昇が起きると人間の健康，生活，生態系，気象などさまざまな悪影響が予測される。

③ 地球温暖化の対策

1997年の京都会議で各国の二酸化炭素削減率が採択されているので，削減に向けて実践行動を起こさなければいけない。

a 二酸化炭素の排出抑制

二酸化炭素の排出を抑制する中心的課題は，省エネルギー化，エネルギー効率の向上，自然（クリーン）エネルギーの活用などを積極的に図ることである。また，二酸化炭素の排出量の抑制に向けて，エネルギーの供給割合，製品の生産システム，交通体系，市民のライフスタイルなど総合的に変革すべきである。

b 二酸化炭素の固定

化石燃料の燃焼により発生する二酸化炭素を大気中に放出しないで，直接封入する技術の開発が待たれる。二酸化炭素を固定するためには，森林の保護や植林するなど緑化を推進する。植物プランクトンやサンゴなどの海洋生物によ

る二酸化炭素の固定にかかわるバイオテクノロジーを積極的に開発しなければならない。

(2) 酸性雨

① 酸性雨の影響

化石燃料の燃焼による発電やごみ焼却によって，二酸化炭素とともに硫黄酸化物（SO_x）や窒素酸化物（NO_x）が大気中に大量に放出されている。これらの酸化物が硫酸イオンや硝酸イオンに変化し雨水と反応して，pH 5.6以下の雨となって降ってくる。これが世界各地の酸性雨である。雨以外にも強い酸性の霧や雪の降下が観測されることもあり，酸性霧や酸性雪と呼ばれている。遠方の地域や他国からの大気汚染の影響を受けることもあるので，「もらい公害」ともいわれている。

酸性雨は人体のみならず，湖沼，土壌，生物，建築物など多方面に悪影響を及ぼしている。人体に対する影響としては，目や皮膚に刺激性のある痛みを与える。高緯度のノルウェー，スウェーデン，カナダの多数の湖沼においては，酸性雨の影響で魚類やプランクトンなどの水生生物に被害が多発している。酸性化するとアルミニウムや水銀などの金属類の毒性が加わり被害がいっそう拡大し，魚類だけでなく水生昆虫なども全滅して死の湖になったところもある。酸性雨は森林や農作物に対して直接被害を与えるし，酸性雨で土壌が酸性化して間接的に被害を与えている。ヨーロッパの歴史的な遺跡や建造物が，酸性雨の被害を受けて社会的問題になっていることは報道を通じてよく知られている。

② 酸性雨の対策

酸性雨を防止するためには，酸性雨の原因物質である硫黄酸化物や窒素酸化物の排出量を抑制しなければならない。石油や石炭のような化石燃料を大量に消費する火力発電所や工場，さらに身近な自動車について，そこから排出される排煙や排気ガスの脱硫や脱硝をするための技術開発や関連法規の見直しなどが必要である。究極的には，大量のエネルギーや資源を消費する社会活動にともなって発生する大気汚染が原因であるので，産業と民生の両分野において省エネルギー対策を推進することが最も重要である。

(3) オゾン層の破壊

① フロンガスによるオゾン層の破壊

フロンガスとは、メタン（CH_4）やエタン（C_2H_6）などの低級炭化水素の水素原子をフッ素や塩素などのハロゲン原子で置換した有機化合物の総称である。塩素とフッ素を含むものはクロロフルオロカーボンとよばれ、日本ではフロンという名称が一般に使用されている。フロンガスは生物に対して無害で、環境汚染にも影響のない化学物質で、不燃性で分解しにくいという長所をもっている。そのために、身近に使うエアコンなどの冷媒、電子部品などの洗浄剤、ヘアスプレーなどの噴射剤、発泡剤などのように産業活動や日常生活で幅広く多量に使われ、われわれ生活者に大きく寄与してきた。

フロンガスは長所として分解されにくい物質であるため、大気中に解放されると大気中を上昇して成層圏に達して、そこでオゾン層を破壊することがわかった。オゾン層は、前章で述べたように光合成生物の働きによって長い時間をかけて形成されたものであり、その結果として生物が陸上で生活できるようになった経緯がある。ところが、放出されたフロンガスが上空に達すると、紫外線の作用でこのフロンが分解されて、反応性に富む塩素原子（塩素ラジカル）を生成する。この Cl がオゾン O_3 と反応して一酸化塩素 ClO と酸素 O_2 になる。ClO が O と反応すると Cl と O_2 になり、再び Cl を生じる。このように1個の塩素原子は1日に1000個以上のオゾン分子を破壊し、成層圏に留まる間に1万～10万個のオゾン分子を破壊する。そのため成層圏にフロンガスが増えると、オゾン層が破壊されてしまう。現在ではフロンガスの使用量は減少しているが、過去に放出されたフロンガスが大気中に残留しているため、今後もオゾン層の破壊は続くものといわれている。

② オゾン層破壊による生態系への影響

オゾン層は、太陽から出ている紫外線のうち、波長200～360 nmのものを強く吸収し、生物に有害な紫外線が地表へ到達するのを防いでいる。オゾン濃度が1％減少すると地表に到達する紫外線は2％増加するといわれている。

UNEP（国連環境計画）の報告では、オゾン濃度が1％減ると皮膚がん患者

が3％増えるといわれている。オゾン層が減少すると，白内障や角膜炎などの視力障害も増加するし，免疫機能を低下させて感染症発生率を高めることも予測されている。農作物に対しては，紫外線の傷害によって農作物の成長や生産量が抑制されるので食糧生産にも影響するし，生態系を構成している多くの生物にも被害が現われることが懸念されている。

③　オゾン層破壊の防止対策

1985年にはオゾン層破壊防止のため，フロンの生産や使用の削減に向けてウィーン条約が締結された。その後モントリオール議定書が作成され，オゾン層を破壊しやすい五種類のフロンを特定フロンとし，生産量と消費量を段階的に削減することが決められた。1995年末には先進国でのフロン生産は全廃されて，フロンの使用量も75％近く減少したが，開発途上国では規制が未だ徹底していない。フロン対策として，オゾン層を破壊するのは究極的には塩素であるので，クロロフルオロカーボンの塩素を他の元素で置換した代替フロンが開発されている。このような代替フロンは，オゾン破壊の原因である塩素を含んでいないし，オゾン層に達する前に分解する。しかし，温室効果が大きいという難点がある。

(4)　**熱帯林の破壊**

世界の森林面積は陸地面積の約30％であるが，森林に生育している植物は陸上植物の90％を占めているといわれている。森林は哺乳類，鳥類，昆虫類などの多様な動物の生息地になっており，それらの動物類がそこに生育している植物類や微生物類とともに森林生態系を形成している。森林には地球上の生物種の約半数が生活していると考えられ，とくに熱帯林は多様性が非常に大きく，生物種の宝庫と呼ばれている。熱帯林からは，資源として木材のほかにも，食糧，医薬品，工業用原材料なども得られており，バイオテクノロジーにおける遺伝子資源の宝庫でもある。

森林は，植物の光合成反応で二酸化炭素を固定して酸素を生成するので，地球の温暖化の抑制に寄与している。また森林の作用として，降った雨を地下の根に貯水することによって災害の防止の役割もしていて，浄水の効果もある。

ところが，最近熱帯林が急速に破壊され，日本の森林面積の半分に相当する1540万haが毎年消滅している。その主な原因は，無計画な焼き畑農業，家畜の過放牧，農地の拡大，薪炭類の採取，輸出用木材の乱伐などがあげられるので，熱帯林の保護や回復に向けた活動を起こさなければいけない。

3 国内の環境問題

　日本では，1960年代後半から1970年代の経済成長期に日本各地で産業活動による大気汚染や水質汚濁が多発し，健康被害が起きたり食品添加物や薬品による健康障害事件などの公害問題が全国各地で発生した。日本列島が，いわゆる典型七公害と呼ばれている，①大気汚染，②水質汚濁，③土壌汚染，④騒音，⑤振動，⑥地盤沈下，⑦悪臭で埋め尽くされた時期であった。この当時の公害は直接市民の健康に被害をもたらしたので，反公害の住民運動が非常に活発であった。一度大きな公害が発生すると，公害の解決や環境の回復に長期間と多大な経費や努力が必要で，そのうえ信頼関係も失われてしまうことを認識しなければならない。

　日本では経済構造の変化，技術革新，都市への集中化，国際化，情報化，消費の多様化，生活様式の変化などにともなって，環境問題が非常に複雑化している。大都市では，自動車の走行密度の高まりにともなって二酸化窒素の濃度が上昇し，環境基準が達成されない地域が拡大している。さらに，生活排水による汚濁負荷により，都市河川や湖沼，内湾などの閉鎖性水域における有機汚濁レベルが明らかに増加している。また，IC（集積回路）洗浄剤として多用されるトリクロロエチレンによる地下水汚染や土壌汚染，さらに廃棄物の焼却による非意図的に生成する強毒性のダイオキシン類など，新しいタイプの環境汚染の問題が顕在化している。総体としてみれば，廃棄物の種類や量も減少傾向にはないし，不法投棄や処分場の不足が目立っており，日本の環境は未だ改善傾向にあるとはいいにくく，ますますの環境保全・環境修復の活動が希求されている。現在の日本の環境問題の特徴は，つぎのようにまとめることができる。

(ア) 地球温暖化，オゾン層破壊，酸性雨のように被害地域を限定できない地球規模の環境問題が起きており，国際的な協力が必要である。

(イ) 加害者と被害者の区別が難しくなっており，産業活動よりも日常の住民生活によるエネルギー消費や廃棄物などの生活関連環境問題が多くなっている。

(ウ) 二酸化炭素やフロンのように人体には無害であるが，間接的に環境に悪影響を及ぼす複雑な環境汚染のメカニズムが存在する。

(エ) ダイオキシン類やトリハロメタンのように，廃棄物の焼却過程あるいは浄水過程において，非意図的に生成される環境汚染物質が知られるようになってきた。

(オ) 野生動物や人間の外因性内分泌系を攪乱して，生殖障害や性発達異常などを引き起こす内分泌攪乱物質（環境ホルモン）が注目されている。

(カ) 自然保護への関心の高まりによって，動植物を保護する気運が国際的に高くなっている。

(1) 人工化学物質による健康被害

われわれ人間は，有用な化学物質を自然界から採取したり石油を原料として合成したりして，社会生活に役立たせてきた。自然界には存在せず，化学合成された人工化学物質は，莫大な数で約1000万種が登録されている。日本では約5万種類の化学物質が流通しており，合成洗剤，塗料，化粧品，医薬品，食品添加物，農薬，工業薬剤などとしてさまざまな働きをして，われわれの生活を豊かで快適にしている。このほかにも，住宅に用いる断熱材や家具類，衛生用品などにも使われており，たしかにこれらの化合物は，われわれの生活に対して大きな役割を果たした。その利便性のみが強調されて，有害性の面に関しては，発がん性を中心に急性毒性に対しては徹底的に試験されたが，その他の害には考慮が不十分で，環境中における安全性が確認されているわけではない。

近年，化学物質の原因による「アレルギー疾患」に陥るケースや「化学物質過敏症」が多発している。発症のメカニズムは多量の化学物質に暴露されて過敏症になり，再び，最初に暴露されたのと同じ系統の化学物質に暴露されると，

それがきわめて微量でもさまざまな症状が出るようになる。アレルギーが特定の物質によって引き起こされるのに対して，化学物質過敏症は抗原が明確に特定できないケースが多く，症状も多様で特異性がない。ごく微量の化学物質によっても引き起こされ，さまざまな化学物質が複合的に作用していると考えられている。

化学物質による環境汚染には，二種類あるといわれている。一つは，自然環境中に放出された化学物質が大気，水，土壌などを通過していくうちに，その毒性が比較的短い時間で分解，低減されていくもので，「フロー型の汚染」といわれるものである。他方は，分解が遅く，自然環境や生物の体内に長い時間蓄積され続けるもので，「ストック型の汚染」といわれ，難分解性の化学物質に起因している。後者のストック型汚染は，生物濃縮を通じて生態系のなかで濃度が高まり，生態ピラミッドの頂点にいる人間に大きな害を与える可能性がある。DDTやダイオキシン類はこのストック型の典型的な例である。

ここでは，殺虫剤のDDTを例にあげて化学物質の二面性について話を進めたい。DDTは，石油化学の優等生として，1939年スイスのガイギー社で化学合成された。この物質は，広範囲の害虫に対して忌避・殺虫効果があり，そのうえ分解しにくいので効き目が長く続く奇跡の殺虫剤として世界中で使用された。DDTは1億人もの生命を救ったといわれているほど，すばらしく世の中に寄与した化学物質である。その功績でDDTを研究したP. ミュラーは，1948年ノーベル賞を受賞した。その後も日本をはじめ多くの国々で，この奇跡の殺虫剤は大量に使われ，多数の人びとの生活を豊かにした。しかし，皮肉にも1962年にはR. カーソンの著書 Silent Spring（邦訳『沈黙の春』）のなかで，DDTの動物に対する害が指摘され，その後使用禁止になった。DDTが使用禁止になってかなり時間も経過しているが，海水中にも0.14ng/kg残留しており，これが食物連鎖をとおしてイルカでは3700万倍に濃縮され，とくに極地に棲む動物には高濃度で汚染されている。

われわれは，多種多様な化学物質を日常的に使い利便性を得ているが，その反面，これらの化学物質の有害性による被害で苦しんでいる。われわれが化学

物質と共生していくためには、化学物質の性質をよく理解し、その有害性についても認識し、うまく管理していくことが重要である。遅ればせながら、日本では1999年7月に「化学物質管理法」が成立し、2001年から施行される。この法律は化学物質の排出・移動登録制度で、事業者自らが化学物質の排出量などを把握し自主的な管理の促進と改善を目指すものである。企業は化学物質の移動や排出を自治体経由で国に報告し、国は業種や地域ごとにデータを公表する。住民の請求があれば、工場ごとのデータも公開され、情報がガラス張りになるので、企業は化学物質の管理や使用量削減についての取り組みを強化する必要に迫られている。

(2) 環境ホルモン（外因性内分泌攪乱化学物質）の逆襲

1996年にアメリカとイギリスで、化学物質による動物の生殖異常についてのセンセーショナルな書物が出版された。アメリカの本はT. コルボン、D. ダマノスキ、J. P. マイヤーズの *Our Stolen Future*（邦訳『奪われし未来』）という著書で、イギリスのはD. キャドバリーの著書 *The Feminization of Nature*（邦訳『メス化する自然』）である。これらの著書は、ある種の化学物質には人や野生動物のホルモン機能を攪乱する作用があるのではないかと指摘している。日本ではこのような化学物質を「環境ホルモン」（外因性内分泌攪乱化学物質）と総称しており、この環境ホルモンについてつぎに述べる。

化学物質のなかには、生体内に入るとあたかもホルモンのような働きをして、本来のホルモンの働きを狂わせるものがあることがたびたび見出されてきた。最近では、動物の性、生殖、発育という生命体の根幹にかかわる重要な部分に影響を及ぼす内分泌を攪乱する人工化学物質が、数多くリストアップされている。

① 内分泌攪乱物質として要注意の物質

野生動物の影響については、アメリカ・フロリダ州でワニのペニスが極端に小さくなったり、卵が孵化しなくなったりしている例がよく知られている。日本では、巻き貝のバイガイやイボニシの雌にペニスが生じたとの報告が有名である。魚類では、コイやローチの雄の精巣の発育に異常がみられ、鳥類のカモ

表3.2 野生生物への環境ホルモンの影響

生物		場所	影響	推定される原因物質
貝類	イボニシ	日本の海岸	雄性化, 個体数の減少	有機スズ化合物
魚類	ニジマス	英国の河川	雌性化, 個体数の減少	ノニルフェノール
	ローチ（鯉の一種）	英国の河川	雌雄同体化	＊断定されず ノニルフェノール ＊断定されず
	サケ	米国の五大湖	甲状腺過形成, 個体数減少	不明
爬虫類	ワニ	米フロリダ州の湖	オスのペニスの矮小化 卵の孵化率低下, 個体数減少	湖内に流入したDDT等 有機塩素系農薬
鳥類	カモメ	米国の五大湖	雌性化, 甲状腺の腫瘍	DDT, PCB ＊断定されず
	メリケンアジサシ	米国ミシガン湖	卵の孵化率の低下	DDT, PCB ＊断定されず
哺乳類	アザラシ	オランダ	個体数の減少, 免疫機能の低下	PCB
	シロイルカ	カナダ	個体数の減少, 免疫機能の低下	PCB
	ピューマ	米国	精果停留, 精子数減少	不明
	ヒツジ	オーストラリア（1940年代）	死産の多発, 奇形の発生	植物エストロジェン（クローバ由来）

資料：環境庁「外因性内分泌攪乱化学物質問題に関する研究班中間報告書」による。
出所：環境庁『環境白書（総説）1999年版』225ページ

メの類に生殖異常が現われていることもよく知られている。最近は，人間の男性の精子数の減少が話題となっている。

　環境ホルモン（外因性内分泌攪乱化学物質）として疑われている化学物質は，われわれの日常生活で身近かなものが多く，殺虫剤，除草剤，殺菌剤のような農薬類やプラスチック添加剤などで約70種がリストアップされている。たとえば，DDTやPCBはすでに使用禁止になっているが，現在でも環境中に残留しており，問題の化合物群である。ノニルフェノールやビスフェノールAは界面活性剤や合成樹脂から派生して出てくる物質である。船底塗料や漁網の貝付着防止剤などとして使用されていた有機スズは，海洋生物に問題を起こしている。ダイオキシンはごみ焼却場から化学反応を通じて非意図的に発生する物質で，難分解性で種々の毒性があり，その解決は今日の重要課題になっている。これらの物質は食物などをとおして，径口的に超微量でも体内に入ると，動物の内分泌を攪乱する。

表 3.3　環境ホルモンといわれている化学物質

	物　質　名	環境調査	用　途	規　制　等	分類番号
1.	ダイオキシン類	●	(非意図的生成物)	大防法，廃棄法，POPs	1
2.	ポリ塩化ビフェニール類 (PCB)	●	熱媒体，ノンカーボン紙，電気製品	74年化審法一種，72年生産中止，水濁法，海防法，廃掃法，水質環境基準，POPs，地下水・土壌・水質の環境基準，POPs	2
3.	ポリ臭化ビフェニール類 (PBB)	○	難燃剤		4
4.	ヘキサクロロベンゼン (HCB)	●	殺菌剤，有機合成原料	79年化審法一種，わが国では未登録，POPs	5
5.	ペンタクロロフェノール (PCP)	●	防腐剤，殺菌剤	90年失効，水質汚濁性農薬，毒劇法	5
6.	2,4,5-トリクロロフェノキシ酢酸	○	除草剤	75年失効，毒劇法，食品衛生法	5
7.	2,4-ジクロロフェノキシ酢酸	○	除草剤	登録	6
8.	アミトロール	○	除草剤，分散染料，樹脂の硬化剤	75年失効，食品衛生法	4, 5
9.	アトラジン	○	除草剤	登録	6
10.	アラクロール	○	除草剤	登録，海防法	6
11.	シマジン	○	除草剤	登録，水濁法，地下水・土壌・水道法，水質環境基準	6
12.	ヘキサクロロシクロヘキサン，エチルパラチオン	●	殺虫剤	ヘキサクロロシクロヘキサンは71年失効・販売禁止，エチルパラチオンは72年失効	5
13.	カルバリル	●	殺虫剤	登録，毒劇法，食品衛生法	6
14.	クロルデン	●	殺虫剤	86年失効，68年失効，POPs	5
15.	オキシクロルデン	●	クロルデンの代謝物	ノナクロルは本邦未登録，ヘプタクロルは72年失効	1
16.	trans-ノナクロル	●	殺虫剤		5
17.	1,2-ジブロモ-3-クロロプロパン	○	殺虫剤	80年失効	5
18.	DDT	●	殺虫剤	81年化審法一種，71年失効・販売禁止，食品衛生法，POPs	5
19.	DDE and DDD	●	殺虫剤 (DDTの代謝物)	わが国では未登録	1
20.	ケルセン		殺ダニ剤	登録，食品衛生法	6
21.	アルドリン		殺虫剤	81年化審法一種，75年失効，土壌残留性農薬，毒劇法，POPs	5
22.	エンドリン	○	殺虫剤	81年化審法一種，75年失効，作物残留性農薬，水質汚濁性農薬，食品衛生法，POPs	5

第3章 人間の活動と環境問題の視点

物質名	環境調査	用途	規制等	分類番号
25. ディルドリン	●	殺虫剤	81年化審法一種, 食品衛生法, 75年失効, 家庭用品法, 土壌残留性農薬, 毒劇法, 水質汚濁性農薬, POPs	5
24. エンドスルファン（ベンゾエピン）	○	殺虫剤	毒劇法, 水質汚濁性農薬	6
25. ヘプタクロル	●	殺虫剤	86年化審法一種, 75年失効, 毒劇法, POPs	5
26. ヘプタクロルエポキシド	●	ヘプタクロルの代謝物		1
27. マラチオン	○	殺虫剤	登録, 食品衛生法	6
28. メソミル	○	殺虫剤	登録, 毒劇法	6
29. メトキシクロル	○	殺虫剤	60年失効	5
30. マイレックス	●	殺虫剤	わが国では未登録, POPs	7
31. ニトロフェン	○	除草剤	82年失効	5
32. トキサフェン	●	殺虫剤	わが国では未登録, POPs	7
33. トリブチルスズ	●	船底塗料, 漁網の防腐剤	90年化審法二種（TBTOは第一種、残り13物質は第二種）, 家庭用品法	9
34. トリフェニルスズ	●	船底塗料, 漁網の防腐剤	90年化審法二種, 90年失効, 家庭用品法	9
35. トリフルラリン	●	除草剤	登録	6
36. アルキルフェノール（C5からC9）/ ノニルフェノール / 4-オクチルフェノール	●●	界面活性剤の原料/分解生成物 界面活性剤の原料/分解生成物	海防法	3,4
37. ビスフェノールA	●	樹脂の原料	食品衛生法	3
38. フタル酸ジ-2-エチルヘキシル	●	プラスチックの可塑剤	水質関係要監視項目	3
39. フタル酸ブチルベンジル	●	プラスチックの可塑剤	海防法	3
40. フタル酸ジ-n-ブチル	●	プラスチックの可塑剤	海防法	3
41. フタル酸ジシクロヘキシル	●	プラスチックの可塑剤	海防法	3
42. フタル酸ジエチル	●	プラスチックの可塑剤		3
43. ベンゾ(a)ピレン		（非意図的生成物）		1
44. 2,4-ジクロロフェノール	●	染料中間体	海防法	4
45. アジピン酸ジ-2-エチルヘキシル	●	プラスチックの可塑剤	海防法	3
46. ベンゾフェノン	●	医薬品合成原料, 保存剤等	海防法	4
47. 4-ニトロトルエン	●	2,4-ジニトロトルエンなどの中間体	海防法	1

物　質　名	環境調査	用　　途	規　制　等	分類番号
48. オクタクロロスチレン		（有機塩素系化合物の副生成物）		1
49. アルディカーブ		殺虫剤	わが国では未登録	7
50. ベノミル		殺菌剤	登録	6
51. キーポン（クロルデコン）		殺虫剤	わが国では未登録	7
52. マンゼブ（マンコゼブ）		殺菌剤	登録	6
53. マンネブ		殺菌剤	登録	6
54. メタム		殺菌剤	75年失効	5
55. メトリブジン		除草剤	登録、食品衛生法	6
56. シペルメトリン		殺虫剤	登録、毒劇法、食品衛生法	6
57. エスフェンバレレート		殺虫剤	登録、毒劇法	6
58. フェンバレレート		殺虫剤	登録、毒劇法、食品衛生法	6
59. ペルメトリン		殺菌剤	登録	6
60. ピンクロゾリン		殺菌剤	98年失効	5
61. ジネブ		殺菌剤	登録	6
62. ジラム		殺菌剤	登録	6
63. フタル酸ジベンチル			わが国では生産されていない	3
64. フタル酸ジヘキシル			わが国では生産されていない	3
65. フタル酸ジプロピル			わが国では生産されていない	3
66. スチレンの2及び3量体		スチレン樹脂の未反応物	スチレンモノマーは、海防法、毒劇法、悪臭防止法	3
67. n-ブチルベンゼン		合成中間体、液品製造用		4

備考：(1) 環境調査の欄では、●は検出、○は未検出。印のないものは環境調査未実施。
(2) 規制等の欄には、●は記載した法律は、それら法律上の規制等の対象であることを示す。化審法は「化学物質の審査及び製造等の規制に関する法律」、大防法は「大気汚染防止法」、水濁法は「水質汚濁防止法」、海防法は「海洋汚染及び海上災害の防止に関する法律」、廃棄法は「廃棄物の処理及び清掃に関する法律」、毒劇法は「毒薬及び劇物取締法」、家庭用品法は「有害物質を含有する家庭用品の規制に関する法律」を意味する。地下水、土壌、水質の環境基準は、各々環境基本法に基づく「地下水の水質汚染に係る環境基準」「土壌の汚染に係る環境基準」「水質汚濁に係る環境基準」に基づく。
(3) 登録、失効、本邦未登録、1は任意定生成物質、土壌残留性農薬、作物残留性農薬、水質汚濁性農薬は農薬取締法に基づく。
(4) 分類番号として、1は非意図的生成物質、2は現在禁止であるが過去に使用された工業薬品、3はプラスチックに係る薬品類、4は界面活性剤など
いか外国で使用されているが我が国で未登録、5は現在禁止されている農薬、6は日本で現在でも使用されている農薬、7は日本では使用されていない農薬、8は医薬品類、9は有機スズなどの環境ホルモン戦略計画Speed '98」（化学「よくわかる環境ホルモンの話」20〜22ページ）

出所：環境庁「環境ホルモン戦略計画Speed '98」（化学「よくわかる環境ホルモンの話」20〜22ページ）

② 内分泌攪乱のメカニズム

環境ホルモンが内分泌攪乱を起こすメカニズムは，非常に複雑で多岐にわたりあまりはっきりはしていないが，つぎのような代表的な例がある。

(ア) ホルモン生合成の異常で起こる攪乱
(イ) ホルモンの貯蔵や放出の異常で起こる攪乱
(ウ) ホルモン輸送の異常で起こる攪乱
(エ) クリアランスの異常で起こる攪乱
(オ) レセプターの識別あるいは結合の異常で起こる攪乱

一般的には，ホルモンと構造が似ているためにホルモン・レセプターが，本来のホルモンと区別ができないという（オ）のメカニズムで説明されることが多い。

しかし，環境ホルモンの作用の複雑さを表わす例として，単独ではそれほど強力な攪乱作用はないのに他の化学物質と混合するとホルモン作用が現われるという相乗効果のある物質も知られている。

(3) 廃棄物問題

日本を含めた先進工業諸国では，この数十年間，物質的に豊かな生活，精神的にゆとりのある生活を目指してさまざまな努力を重ねてきた。その結果，「大量生産・大量消費・大量廃棄型のライフスタイル」が定着しており，産業および生活の両面から排出される「廃棄物の量の増大と質の多様化」が起きている。その廃棄物を適正に処理・処分することがきわめて難しい状況になっており，「廃棄物の発生抑制・再利用・リサイクル」の推進が今日の経済社会の緊急課題となっている。

① 廃棄物の種類と量

廃棄物処理法では，廃棄物を「一般廃棄物」と「産業廃棄物」とに分類している。一般廃棄物とは産業廃棄物以外の廃棄物のことをいい，産業廃棄物とは事業活動にともなって生じた廃棄物のことで，燃えがら，汚泥，建設廃材，廃油，廃酸，廃アルカリ，廃プラスチックなどの19種類に細分されている。一般廃棄物は「ごみ」と「し尿」とに大別できるが，さらに，事務所・商店・工

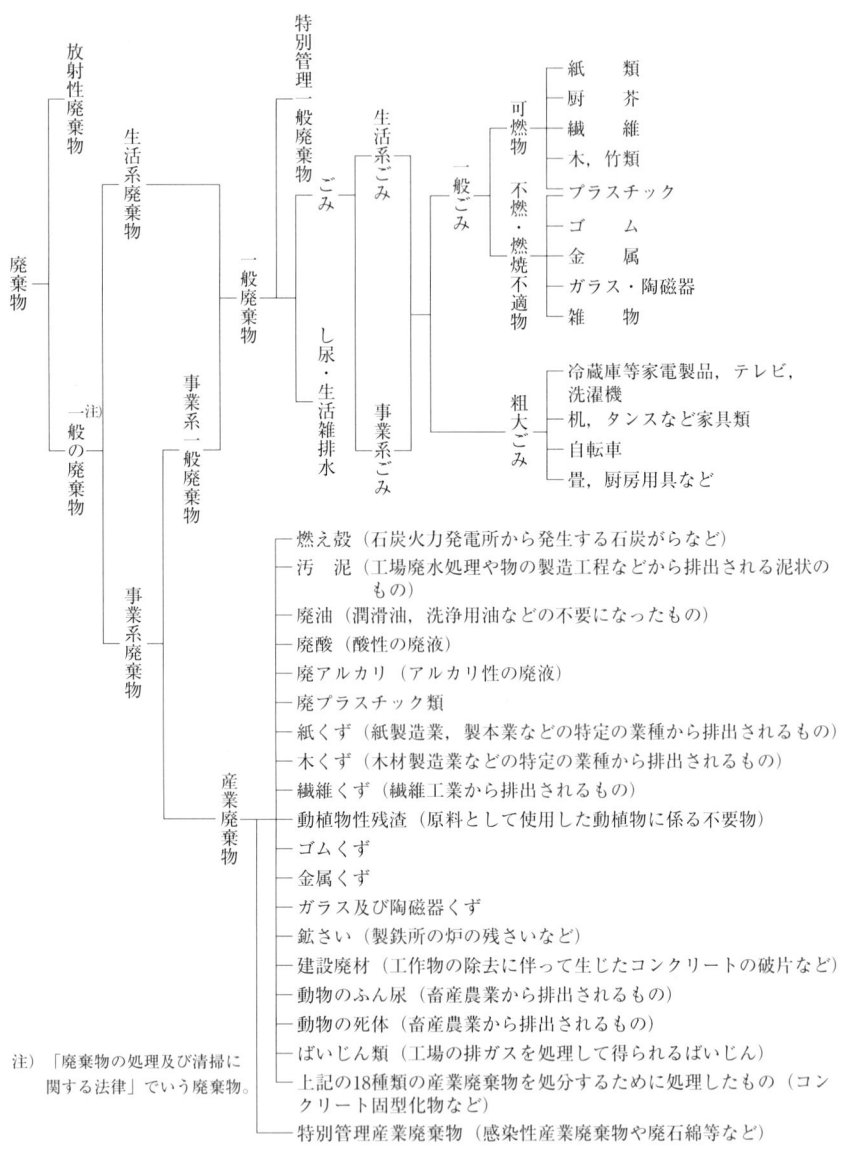

```
廃棄物 ─┬─ 放射性廃棄物
        │
        └─ 一般の廃棄物(注)
           ├─ 生活系廃棄物
           │   └─ 事業系一般廃棄物
           │       └─ 一般廃棄物 ─┬─ 特別管理一般廃棄物
           │                      │
           │                      └─ ごみ ─┬─ 生活系ごみ ─┬─ 一般ごみ ─┬─ 可燃物 ─┬─ 紙類
           │                               │              │           │          ├─ 厨芥
           │                               │              │           │          ├─ 繊維
           │                               │              │           │          └─ 木,竹類
           │                               │              │           ├─ 不燃・燃焼不適物 ─┬─ プラスチック
           │                               │              │           │                    ├─ ゴム
           │                               │              │           │                    ├─ 金属
           │                               │              │           │                    ├─ ガラス・陶磁器
           │                               │              │           │                    └─ 雑物
           │                               │              └─ 粗大ごみ ─┬─ 冷蔵庫等家電製品,テレビ,洗濯機
           │                               │                           ├─ 机,タンスなど家具類
           │                               │                           ├─ 自転車
           │                               │                           └─ 畳,厨房用具など
           │                               ├─ 事業系ごみ
           │                               └─ し尿・生活雑排水
           │
           └─ 事業系廃棄物
               └─ 産業廃棄物 ─┬─ 燃え殻(石炭火力発電所から発生する石炭がらなど)
                              ├─ 汚泥(工場廃水処理や物の製造工程などから排出される泥状のもの)
                              ├─ 廃油(潤滑油,洗浄用油などの不要になったもの)
                              ├─ 廃酸(酸性の廃液)
                              ├─ 廃アルカリ(アルカリ性の廃液)
                              ├─ 廃プラスチック類
                              ├─ 紙くず(紙製造業,製本業などの特定の業種から排出されるもの)
                              ├─ 木くず(木材製造業などの特定の業種から排出されるもの)
                              ├─ 繊維くず(繊維工業から排出されるもの)
                              ├─ 動植物性残渣(原料として使用した動植物に係る不要物)
                              ├─ ゴムくず
                              ├─ 金属くず
                              ├─ ガラス及び陶磁器くず
                              ├─ 鉱さい(製鉄所の炉の残さいなど)
                              ├─ 建設廃材(工作物の除去に伴って生じたコンクリートの破片など)
                              ├─ 動物のふん尿(畜産農業から排出されるもの)
                              ├─ 動物の死体(畜産農業から排出されるもの)
                              ├─ ばいじん類(工場の排ガスを処理して得られるばいじん)
                              ├─ 上記の18種類の産業廃棄物を処分するために処理したもの(コンクリート固型化物など)
                              └─ 特別管理産業廃棄物(感染性産業廃棄物や廃石綿等など)
```

注)「廃棄物の処理及び清掃に関する法律」でいう廃棄物。

出所:田中『廃棄物学入門』72ページ

図 3.2 廃棄物の分類

場などから排出される生活ごみや紙くずは「事業系一般廃棄物」として取り扱われ，家庭から排出される「家庭系一般廃棄物」と区分されている。日常生活で排出されるごみ量の増大や，流通・サービス業の拡張，情報化・OA化にともなう紙ごみの増大などでごみ排出量は増加傾向を続けてきたが，この数年間はごみの減量活動や景気後退などの影響によって横ばい状態になっている。1993年度における家庭系および事業系一般廃棄物の総排出量は，年間約5000万tであり，1日1人当たりの排出量にすると約1100gとなる。

　一般廃棄物（ごみ）の最終処分量は，総排出量の30％に相当する約1500万tであるが，これは直接埋め立てられる廃棄物量と焼却灰などの処分残渣とを合わせた量である。最近の一般廃棄物のなかで，容器包装廃棄物の占める割合が大きくなって，容積比で6割，重量比で2〜3割にも達している。そのため1995年に「容器包装リサイクル法」が制定され，消費者，事業者および行政にそれぞれ役割が決められている。消費者には容器包装類のびん，缶，プラスチックなどを決められたように分別すること，事業者には再商品化とそのための経費負担が義務づけられている。市町村にはそれらを回収してストックしておくことが義務づけられている。また，電気冷蔵庫などの粗大ごみの排出量が増えており，1998年に制定された「家電リサイクル法」に基づいて事業者により回収処埋されることになっている。

　産業廃棄物の排出量については1990年ごろまでは急増していたが，それ以後は余り変化がなく，1993年度には全国で約4億tである。種類別の排出量は，下水処理などで発生する汚泥が最も多く，ついで動物のふん尿，建設廃材の排出量が多く，これら三種類で全体の8割を占めている。産業廃棄物の再生利用率は35％（約1億4000万t）で，埋立てなどによって最終処分される産業廃棄物の割合は21％（約8400万t）となっている。

②　廃棄物の処理・処分

　一般廃棄物は，各市町村が収集・運搬し，処理・処分することになっている。一般廃棄物の処理・処分費用は税金で負担されるが，この費用は年々増加の一途をたどり，国民1人当たりに換算すると年間約1万8000円かかっているこ

とになる。一方，産業廃棄物は，排出した企業が責任をもって処理することになっており，その処理・処分作業は廃棄物処理業者に委託することが多い。

図3.3には廃棄物を生産—流通—消費—廃棄—処理—処分という流れに沿って，各工程にかかわる主体と減量化方策を示している。

処理とは，廃棄物を減量化・安定化・無害化するプロセスであり，日本では焼却処分を中心に行われている。処分は廃棄物の処理されたものや，廃棄物そのものを最終的に自然に還元する過程である。これらの処理・処分過程で，廃棄物の一部は再生利用されている。

最終処分は埋立てが原則であり，処分される廃棄物が環境に与える影響の度合いに応じて三つのタイプの最終処分場（安定型，遮断型，管理型）がある。安定型最終処分場は周辺地域への廃棄物の飛散および流失を防止する構造を有する処分場である。建設廃材，ガラス屑，廃プラスチックなど性質が比較的安定

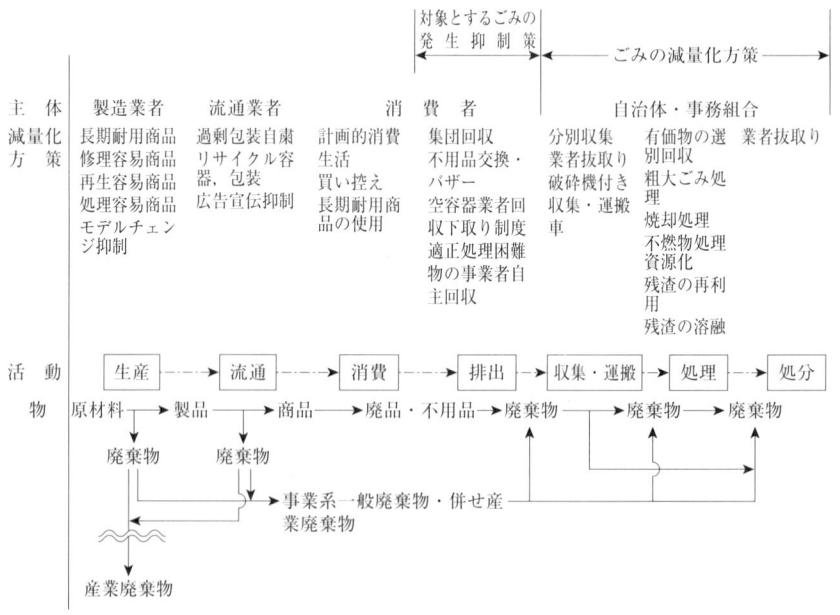

出所：廃棄物学会『廃棄物ハンドブック』24ページ

図3.3 廃棄物の発生および処理過程と減量化方策

しており，生活環境上の支障を及ぼすおそれが少ないものが対象である。遮断型最終処分場は周囲をコンクリートで固め有害物質が外界に浸出することを遮断した処分場である。基準値を超えた有害物質を含む燃えがら，汚泥，ばいじん，鉱さいなどが対象となっている。管理型最終処分場は埋立地の底面と側面に防水シートを設けて，浸出した水を集め，それを排水基準を満たすように処理して公共水域に放流する設備を備えた処分場である。一般廃棄物と遮断型および安定型最終処分場以外で処理する産業廃棄物が対象になっている。

③ **廃棄物の減量（Reduce）・再利用（Reuse）・リサイクル（Recycle）**

a **廃棄物の減量**

一般廃棄物でも産業廃棄物でも，排出される廃棄物を減量化したり有効利用するためのシステムの構築は，社会環境や資源循環型経済の面においても重要なことである。基本的には「3R」，すなわちReduce（減量），Reuse（再利用），Recycle（再生利用）を社会に広く啓発・徹底し，システムを確立すべきであろう。

さて，最も重要な廃棄物の減量は，一般廃棄物を排出する家庭において使い捨て商品は利用しない，過剰包装は断る，生ごみのコンポスト化など廃棄物の発生抑制に努めることである。

産業界では，「ゼロエミッション（Zeroemission）構想」への取組みが開始されている。この構想は，自社内に留まらず地域内の企業間で，事業活動で発生する廃棄物や廃熱を，新たに社内または他産業の原料やエネルギーとして活用することによって，廃棄物の排出量をゼロにすることを目指すものであり，ビール工場やコピー機製造工場などの成功例も報告されている。最近，各市町村において，ごみの種類と排出量に応じたごみ処理の有料化が進められているが，これもごみの排出量削減に効果をあげている。

b **再 利 用**

使用ずみ製品の再利用は廃棄物の排出量抑制に寄与するとともに，製品の原材料の採取や製造にともなう環境への負荷を生じさせないという利点がある。ビールびん，一升びん，清涼飲料用びんなどのガラス製のリターナブル

(Returnable) 容器や，洗剤やシャンプーなどで消費者が再充填するリフィラブル (Refillable) 容器の利用を促進しなければならない。一方では，そのままの形状では再利用されず，使い捨てられることが多いワンウエイ (One-way) 容器の占める割合が急増しているが，これを抑制することも重要課題になっている。資源とエネルギーを使って製造した製品は，その製品の寿命がつきるまで繰り返し使用するシステムの構築が，ごみ減量と省資源・省エネルギーの両面から望まれている。

　c　リサイクル

　廃棄物を回収し，経済的価値があるものを選択的に集め，新製品の原材料として使用するのがリサイクルである。リサイクルを進めていくためには，まず排出時にその素材に応じて適切に分別することが必要であり，これは「混ぜればごみ，分ければ資源」という環境標語にもよく表われている。つぎに分別回収したものを処理して再生できる環境負荷の少ない適切な技術が要求され，最終的にはリサイクル製品が十分に売れなければならない。一般廃棄物のリサイクル率は年々上昇しているが，1994年度で9.1％の低レベルにとどまっている。産業廃棄物については，同一の排出過程により単一の性状で大量に排出されることから，リサイクル率は1993年度で39％とかなり高くなっている。

　製造業者は製品の出庫に先立ち，製品の開発，製造，流通，消費，回収，再生利用などの製品のライフサイクルを考えたシステムとしてのLCA（ライフサイクルアセスメント）を導入して廃棄物の減量対策をたてる必要がある。LCAの概念を徹底することにより，長寿命，修理可能，分解・再生可能な商品の開発が生まれる。

　環境負荷が大きい製品を購入した消費者にデポジット（預かり金）を課し，その製品が適切に返却されたときに払戻し金を支払うシステムをデポジット制度とよんでいる。この制度は欧州連合 (EU) で進んでいるが，日本でもビールびんなどで適用されており，99％と高い回収率を収めている。

　1991年には「リサイクル法」（正式名称「再生資源の利用の促進に関する法律」）が制定され，行政・事業者・消費者が果たすべき具体的役割を定めている。ま

た，1995年に制定された「容器包装リサイクル法」（正式名称「容器包装に係る分別収集および再商品化の促進等に関する法律」）は，再生資源として利用が可能な缶，びん，プラスチック容器などのリサイクル促進を目的としている。さらに，1998年には「家電リサイクル法」（正式名称「特定家庭用機器再商品化法」）が制定され，2001年4月から施行されることになっている。製造業者に廃家電製品の引き取り義務と再商品化義務を初めて明確化した法律である。製造者の責任が廃棄製品にまで拡大されて考えられる時代になってきた。家電製品は耐久消費財であり，製造から廃棄に至るまで長期間にわたって環境に負荷を与え続けるため，環境負荷の少ない製品づくりも重要となる。製造業者はLCA手法を活用して，環境負荷の少ない製品づくりを進めている。

④ **廃棄物の焼却とダイオキシン類の発生**

廃棄物処理施設（焼却場）から，猛毒物質のダイオキシン類が非意図的に発生し，大きな環境問題になっている。ダイオキシン類とはポリ塩化ジベンゾ-パラ-ジオキシ（PCDDs）とポリ塩化ジベンゾフラン（PCDFs）を総称したものである。2個のベンゼン環が1個または2個の酸素原子を間に挟んで結合し，両方のベンゼン環に複数個の塩素原子が置換したものであり，塩素の数や置換する位置によって，多数の異性体が存在する。最近コプラナ構造のPCBsもダイオキシンに含められている。ダイオキシンは，天然の毒物としてのボツリヌス菌や破傷風菌の出す毒素より強い急性毒性をもち，人工毒としてのサリンやシアン化カリよりも急性毒性が強く，最強の毒性物質であるといわれている。

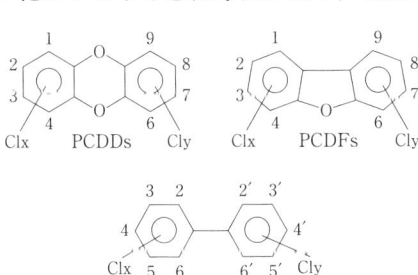

いずれも1～4位と6～9位の水素に塩素が置換可能で，塩素数と置換位置により，PCDDsで75種類，PCDFsには135種類の異性体が存在する。2, 3, 7および8の位置が塩素原子で置換された異性体の毒性が強く，そのうちでも2,3,7,8-TCDDの毒性が最も強いことが知られている。2,3,7,8位が塩素で置換したPCDDs（7種類）とPCDFs（10種類）を制御対象のダイオキシン類とみることが多い。

図3.4　ダイオキシン類の化学構造

慢性毒性については，発がん性，催奇形性，生殖毒性，免疫機能の低下などが報告されている。

ダイオキシン類の発生源は一般廃棄物焼却場（1997年で約68％，98年で約46％）が一番多く，つぎは産業廃棄物焼却場（1997年で約20％，98年で約33％）で，これらが大きな割合を示している。1997年4月には，厚生省が全国1150ヵ所のごみ焼却施設における排ガス中のダイオキシン類濃度の測定結果を実名入りで公表した。これによれば，72施設が要緊急対策指針値の80ng-TEQ (Toxic Equivalent：毒性当量)/Nm^3を超えていた。このような状況をふまえて，政府は1997年末から5ヵ年計画でダイオキシン対策をスタートさせた。この計画では，廃棄物焼却施設からの排出規制基準を規模等に応じて，新設炉で0.1〜5 ng-TEQ/Nm^3，既設炉で1〜10ng-TEQ/Nm^3（5年以内に達成）とし，どの焼却炉も1年以内に80ng-TEQ/Nm^3以下となるように指導することになっている。

焼却炉からのダイオキシン類の発生量は，燃焼条件，炉の形式や構造などの技術的改良によって，かなりのレベルまで削減が可能である。一般にダイオキシン類は焼却炉中での燃焼温度が低いときに非意図的に発生することが知られているので，炉の火を消すことなく終日完全燃焼するようにすればよいことになる。焼却施設からのダイオキシン類の発生を防止するため，厚生労働省では，全国の人口の少ない市町村の中小の焼却施設を廃止して大型化する計画を立てている。県単位で人口10万人程度になるように広域化して，廃棄物の量が終日運転できるようにして，ダイオキシンの発生量を抑制しようとしている。人口の少ない過疎の地域では，ごみの発生地から焼却炉までの移動距離が長く，長距離輸送の難点があるなど問題もある。地域で発生したごみを地域で固形化して，これをどこか1ヵ所に集積して発電などの燃料として使うRDF（ごみ固形化燃料）化の構想なども検討課題かも知れない。

引用文献
『朝日新聞』2000年11月26日付朝刊
R. カーソン（青樹一訳）（1987）『沈黙の春』新潮社

加藤三郎（1996）『環境と文明の明日』プレジデント社
川合真一郎，山本義和（1998）『明日の環境と人間』化学同人
環境庁『環境白書』1993年〜2000年版
D. キャドバリー（井口泰泉監修，古草秀子訳）（1998）『メス化する自然』集英社
T. コルボン，D. ダマノスキ，J. P. マイヤーズ（長尾力訳）（1997）『奪われし未来』翔泳社
酒井伸一（1998）『ダイオキシン類の話』日刊工業新聞社
佐島群巳ら編（2000）『生活環境の科学』学文社
立花隆ら（1998）『環境ホルモン入門』新潮社
田中勝（1993）『廃棄物学入門』中央法規出版
『日本経済新聞』2000年11月26日付朝刊
廃棄物学会編（1997）『廃棄物ハンドブック』オーム社
北條祥子（1998）『よくわかる環境ホルモンの話』合同出版
松原聰（1997）『環境生物科学』裳華房
村田徳治（1993）『リサイクル技術の実際』オーム社

第4章 持続可能な発展とエコビジネスの視点

1 持続可能な発展を目指して

(1) 持続できず滅んだ文明

おおよそ320万年前にアフリカで誕生した人類は，新天地を求めてつぎからつぎへと移動して，1万年前ごろまでには地球上のすべての大陸に進出した。さまざまな能力を開発しながら生活圏を拡張していったが，この時代には，他の動物と同じように狩猟・採集の生活で，人類の活動は自然の環境に調和した循環型の営みであったに違いない。1万年くらい前から人間は定住して，衣食住の生活活動が安定し活発になっていった。森林資源などが減少したり枯渇したりして環境が悪くなると，別の地域に新しい文明が起こり，文明の中心がつぎつぎと移動して，生活の範囲がさらに拡大した。

しかし，自然環境を破壊してしまい，人類の生存が続けられなくて滅んだ文明もある。南太平洋の小さな孤島イースター島は巨石文化で有名だが，1500年ほど前に，20〜30人のポリネシア人が，鶏とサツマイモをともなってカメーでたどり着いた。恵まれた環境のなかで大繁栄して，人口7000人にまで増えて，祭祀と記念碑の建造を盛んに行った。しかしながら，繁栄はそう長く続かず，森林破壊による環境悪化を来した。周囲から隔絶されているので，その島にある限られた資源を使い果たし，森林も切りはらい，さらに脱出するための船を造る木材にもこと欠き，滅んでいたことが知られている。衣食住の確保を最優先すべきなのに，それをそっちのけにして部族間の抗争と巨石像というシンボルづくりを優先したため，資源の循環ができなくなり，生活が困窮して持続できず滅んでいったことが知られている。

イースター島の面積は140 km^{2}程度で，地球全体に比べるとほんのわずかではあるが，単なるマイナーな事件として片付けられるであろうか。地球自体の

面積も宇宙からみると，非常に小さくイースター島と同じようなものである。地球環境においては，イースター島の二の舞を演じないと誰が断言できるであろうか。

(2) トリレンマからの脱出

生物の生育可能な唯一の惑星である地球に，多種多様な生物が気圏・地圏・水圏の限られた空間のなかで「有限な資源や快適な環境」を求めて，それぞれの地域に特有の生態系を形成して生活している。人類は，多種多様な生物の生物体やそれらの代謝物を食糧や原材料として利用する点からみても，他の生物群と深くかかわっている。たとえば，食物について考えてみると，医食同源とかいって健康維持のために多品種の生物を食品として食卓にあげる時代であり，食物だけでもかかわりのある生物種の数は非常に多い。

人類は，20世紀に入ってとくに物質的に大繁栄しており，世紀末には人口が約60億人に増え，そして2050年には100億人に達すると予測されている。人口が増加すると，食糧や資源・エネルギーの必要量が必然的に増加することになる。しかし，食糧生産のための世界の耕地面積を拡大することは困難であり，主要なエネルギーに関しても世界中の石油の枯渇が懸念されている状況である。世界の国々は，経済成長のために森林を伐採して農地に変え，農地をさらに工業用地に変えて繁栄してきた。この方法で土地の単位面積当たりの収入を格段に増加させてきたが，その結果，森林が消失し，地下水や河川水が汚染され，海洋汚染も進行し，環境は悪化してきた。

人口が増え続けるためには，「経済成長・資源確保・環境保全」の三者が継続して維持されなければならない。これらの三者は一方を立てれば他方が立たないジレンマが重なりあった「トリレンマの関係」にあるといわれている。経済成長と資源確保がジレンマを起こさないようにするには，人間の生きがいや価値観が資源に依存しなくても済む社会へ変革されなければならない。そうした生きがいや価値観を創出する仕事が，職業として大きなマーケットを形成して，大きな雇用を生み出す仕組みをつくることが必要であるといわれている。つぎに，経済成長と環境問題との間でジレンマの関係に陥らないためには，環

境を保全する事業が経済成長に貢献するというグローバルな仕組み，たとえばエコビジネスなどを育成する必要がある。

トリレンマへの対処に向けて，「大量生産・大量消費・大量廃棄」の物質文明から脱却し，「持続可能な循環型社会」を再構築しなければならない。資源・エネルギーを乱費し環境へ多大な負荷を与える現在の「一方通行（ワンウェイ）型のシステム」から早急に脱却して，資源・エネルギーを効率的・循環的に利用し環境や自然に余計な負荷を与えない優しい循環型システムへの変革が必要である。このような社会の実現には，物的・制度的なインフラストラクチャーの整備が重要である。2000年6月には「循環型社会基本法」（循環型社会形成促進基本法）が制定された。この基本法には，改正廃棄物処理法（2000年10月施行），改正再生資源利用促進法（2001年4月施行），産業廃棄物処理特定施設整備法（2001年4月施行），容器包装リサイクル法（2000年4月施行），家電リサイクル法（2001年4月施行），建設資材リサイクル法（2002年6月までに施行），食品リサイクル法（2001年6月までに施行），グリーン購入法（2001年4月施行）などの法律が含まれている（後掲図8.7を参照）。

(3) 環境革命の創出

人類は狩猟生活の時代から，長い時間をかけて試行錯誤を繰り返して，ついに動植物の育種に成功して農耕と牧畜が可能になって「農業革命」を達成した。この革命で食糧の生産が計画的に実施できるようになり，その後の人間活動を飛躍的に増大させた。また，宗教改革（レフォルマシオン），文芸復興（ルネサンス），大航海時代の後，今から約250年前に「産業革命」が起こった。それまでの人畜エネルギーの時代から，熱エネルギーを使う蒸気機関によって機械エネルギーをつくり出して，大量生産が可能な石炭と鉄の時代に転換していった。これで，さらなる人間活動の爆発的増大がもたらされた。

そして，これら二つの革命を経て，今世紀には「資源とエネルギーの浪費型の物質文明社会」となり，有限の地球環境という新たな制約につき当たっている。究極の制約となっている「資源・エネルギーと環境」を前にして，われわれ地球人は，農業革命や産業革命とはまったく異質な革命を必要としている。

これが「環境革命」であり，そのためには，人びとの環境に対する意識変革と情報伝達とのあいだに大規模かつ強力な相乗作用を起こさなくてはならない。

　この「環境革命」は「農業革命」や「産業革命」とはまったく様相を異にしている。前の革命は人間の生活を物質的に豊かにするために起こされ，実際物質的には豊かになったかも知れないが，その裏返しのマイナスの部分を多くもたらしてきた。今希求されている革命は，われわれ人間が「地球上のすべての生物と一緒に持続して発展していく」ことである。閉塞状況を打破するには，たとえば，われわれが「環境に調和した循環型経済社会の構築」という新たな目標を共有し，これに向かって英智を結集していくのも一つの方法であろう。

(4) 循環型経済社会の実現

　われわれ人間が，すべての生物と共同して持続可能なコミュニティを構築し，それを発展させるためには，われわれは生態系から貴重な教えを学びとることが必要である。そのための自然界の基本として，生態系のメンバーに対してつぎのような「エコロジーの法則」が示されている。

　相互依存　生態系の網のなかで相互に接続し，あらゆる生命のプロセスが相互に依存しあっている。

　生態学的リサイクル　相互依存は，継続的なサイクルにおけるエネルギーと資源の交換をともなう。

　エネルギーの流れ　太陽エネルギーが，すべての生態学的サイクルを動かしている。

　パートナーシップ　競争と協力という微妙な関係にあり，そこでは無数の形態のパートナーシップが結ばれている。

　柔軟性　相互依存性を保ちながら自らのあり方を変化させていく。

　多様性　生態系が多様であればあるほど，安定性がよく保たれる。

　共生進化　創造と相互適応の相互作用を通じてともに進化する。

　持続可能性　有限の資源ベースに依存し，持続可能性を最大限確保しようとする。

　われわれが循環型経済社会を構築するにあたっては，このような基本事項を

念頭において具体的な行動を起こす必要がある。「大量生産・大量消費・大量廃棄型の物質文明」は，われわれの豊かな物質社会の形成の役割を果たしてきた。その反面，この経済社会システムは，天然資源を大量投入することにより，生産や消費の結果としての大量の廃棄物，排出ガス，排水などを放出し，地球温暖化問題や廃棄物問題など多くの環境問題も招いている。

先進国の現在の物質文明は，現代の経済社会が「資源および環境の両面」において，すでに地球的規模での限界に近づいている状況にあることは明らかである。したがって，「資源と環境」の両面における負荷を大幅に削減して，有限な地球環境と共生する経済社会の持続可能性を取り戻すためには，21世紀に向けて環境への負荷を小さくするような社会システムをつくらなければならない。

最近，「循環型産業システム」に向けての実践行動として，廃棄物ゼロを目指す「ゼロエミッション構想」が注目されている。数年前までの社会活動は，資源と環境に対して，無限で劣化しない地球を想定したが，現在では地球は有限で劣化するものであるという社会的な意識の変化が起きつつある。有限で劣化する地球を持続的に発展させるための一つの行動計画として，「ゼロエミッション」という考え方が広く注目されてきた。これは，直接には1994年の国連大学によるゼロエミッション研究構想の提唱でこの言葉が用いられ始めたものである。製品の生産・流通・消費の全過程を通じて，発生する廃棄物などに起因する環境負荷をできるかぎりゼロに近づけるために，産業におけるすべての工程を再編成し，廃棄物の発生を抑えた新たな「循環型産業システムの構築」を目指すものである。

「ゼロエミッション構想」は，ある産業が排出する廃棄物を自社あるいは他の分野の原料として活用し，あらゆる廃棄物をゼロにすることであり，「新しい資源循環型の産業社会」の形成を目指す構想ということができる。具体的には，投入される生産要素はすべて最終的な製品に活用されるか，あるいは他の産業のための付加価値の高い原料となる。単なるリサイクルによる資源の有効利用にとどまらず，環境負荷の低減に大きな貢献をなすもので，リサイクルの

表 4.1 承認されたエコタウン地域と主な事業内容

承認年月日	承認された地域	主 な 事 業 内 容
1997.7.10	長野県飯田市	ペットボトルリサイクル施設, 古紙リサイクル施設
	川崎市	廃プラスチック高炉還元施設
	北九州市	ペットボトルリサイクル施設, 家電リサイクル施設, OA機器リサイクル施設
	岐阜県	ペットボトルリサイクル施設, 廃ゴム・タイヤリサイクル施設, 廃プラスチックリサイクル施設
1998.7.3	福岡県大牟田市	RDF発電所
1998.9.10	札幌市	廃コンクリート再生施設, 建設系廃材リサイクル施設, 生ごみリサイクル施設, ペットボトルリサイクル施設, 廃プラスチックの油化施設
1999.1.25	千葉県	エコセメント製造施設, 生ごみなどの直接溶融施設
1999.11.12	秋田県北部18市町村	家電製品リサイクル施設, 金属リサイクル事業
	宮城県鶯沢町	家電製品リサイクル施設
2000.6.30	北海道	家電リサイクル事業, 紙製容器包装リサイクル事業, プラスチック製容器包装・農業用廃プラスチックリサイクル事業, 焼却灰リサイクル事業
2000.12.13	広島県東部地域	RDF発電所, 廃プラスチック高炉原料化施設, 食品トレーリサイクル施設, フロン破壊・代替フロン再生施設

際に発生する余熱を暖房や給湯などの省エネルギーにも利用する。

　経済社会が21世紀において持続可能な発展をしていくためには,「ライフサイクルアセスメント (LCA) の概念」を導入して, 製造工程の再設計や再生可能な原材料の優先的活用, そして最終的には排出物ゼロを目標とすることが必要である。これを「未来のトレンド」と認識して積極的対応をはかることが重要である。通商産業省では, このゼロエミッション構想を推進するため厚生省と連携して, 1997年度より21世紀に向けた新たなエコビジネスの育成計画としての「エコタウン事業」を創設した。

　この事業の目的は, 個々の地域における産業蓄積を活かしたエコビジネス (環境産業) の振興を通じて地域を活性化して, 資源循環型社会の構築を目指している産業界や公共部門および消費者による総合的な環境調和型システムを構築することにある。そのため, 地方公共団体が推進計画 (エコタウンプラン) を作成し同省の承認を受けた場合に, 民間などの建設するリサイクル関連施設への助成や, 環境産業見本市・技術展への助成, 住民らに対する環境関連情報提供事業への助成などのなかから, それぞれの地域の特性に応じて, 総合的・

多面的な支援を実施することになっている。1997年度は，長野県飯田市，川崎市，北九州市，岐阜県の推進計画が承認された。98年度には，福岡県大牟田市，札幌市，千葉県，99年度には秋田県北部18市町村，宮城県鶯沢町そして2000年度には北海道などが承認されている。その後，広島県備後地方などの活発な活動が新聞などで報道されている。

つぎに，ライフサイクルアセスメント（LCA）について述べておきたい。製品にかかわる資源の採取から製造，輸送，使用，廃棄などすべての段階をとおして，投入資源あるいは排出による環境負荷およびそれらによる地球生態系への環境影響を定量的，客観的に評価する方法が，LCAである。LCAは素材，プロセス，工業製品，社会サービスなどの環境に与える負荷を定量的に評価しうる有力な手法として注目を集めている。地球環境問題の深刻化にともない，現在の標準的手法を積極的に用いて，産業経済活動や社会活動にともなう環境負荷を一刻も早く減少させ，持続可能な社会を実現することが強く期待されている。とくに製品の環境要素を抽出し，ライフサイクルにわたる環境負荷からトータルに環境調和性を議論し，環境調和型製品を設計・製造・流通させるためには，LCAは不可欠の道具となりつつある。

LCAを用いた事業者には，つぎのようなことが期待される。
- (ア) 製品の製造から廃棄やリサイクルに至る製品寿命全体をとらえて商品設計を行える。
- (イ) どの段階で環境負荷が発生しているかを客観的に認識できるので効果的に環境負荷を削減できる。
- (ウ) 製品のライフスタイル全体を考慮した最適化設計が可能となる。
- (エ) 次世代製品の企画，開発の意思決定を行う際の指針を得られる。
- (オ) 消費者に科学的な情報を提供し，コミュニケーションも促進が図られる。

一方，消費者にとっては，つぎのようなことがあげられる。
- (ア) 客観的評価に基づく環境負荷情報を入手して，より環境負荷の少ない製品を選択して環境負荷の低減に貢献することが可能となる

(イ) 選択的な購買を行うことで，生産者の環境配慮を促すことが可能となる。

2 エコビジネス（環境産業）の進展に向けて
(1) エコビジネス（環境産業）の起業

日本では，1960年代の高度成長期に各地で数多くの公害問題が発生したが，優れた公害防止装置を研究・開発して，その技術力によって公害を減少させ産業を再起させた歴史がある。その後，1980年代になると経済活動が拡大して，世界の各地で地球的規模の環境問題が起き，環境保全が重要な課題となった。日本で開発した公害防止技術の技術移転や新規に研究・開発した技術力が基礎となって，今日のエコビジネスの基盤が築かれて現在にいたっている。1992年の地球サミット（環境と開発に関するリオ・デ・ジャネイロ宣言）の精神を反映して，日本においては1993年に制定された環境基本法により，政策が公害対策から環境保全へ転換されエコビジネスが進展した。

それぞれの地域から世界の各地において「環境を維持・保全・修復する」ための，さまざまな環境事業をビジネス化することが希求されており，それがエコビジネスである。したがって，エコビジネスとは，環境負荷を低減する装置や技術の開発・製造および環境保全型社会の構築に役立つサービスの提供であり，あらゆる産業分野にまたがる横断的なビジネスということもできる。製造業や流通業のように製品を消費者に供給する分野を，循環器系になぞらえて「動脈産業」と呼ぶが，これに対して，そこから排出された廃棄物を処理・処分したり再資源化にかかわる産業を「静脈産業」と呼んでいる。静脈産業は産業廃棄物処理業，中古品リサイクル業，再生資源卸売業，再生製品加工業などで構成されているが，この静脈産業もエコビジネスの主要な一部門である。

「公害対策基本法」，「環境基本法」や「循環型社会基本法」などの法律の制定や既存の法規制が緩和されて，エコビジネスは拡大されどんどん発展している状況にある。

地球規模の環境問題である温暖化や酸性雨の防止，さらに地域において社会

問題になっている廃棄物の処理・処分に対して多くの人びとから注目され，これらの事柄を対象にするエコビジネスは急速に成長し，将来有望な産業として期待されている。エコビジネスが成長を続けるためには，企業における環境投資・技術開発や行政の適切な支援が必要であるとともに消費者自身の環境に対する意識改革が最も重要な要件である。

政府は，企業が廃棄物リサイクルや社員の環境教育などに投じた費用の一部を法人税から控除することを柱とした新たな「税制優遇策の導入」を検討している。製造業のほか流通・サービスなど幅広い業種を対象とし，リサイクルや環境汚染対策への取組みを税制面から後押しする制度である。これまでは企業の環境対策を促す税制優遇措置として設備面に限られてきたが，これを環境保全活動全般に広げ「税制のグリーン化」を推進するのが狙いである。税制優遇の対象として検討しているのは，①低公害車や低燃費車に対する自動車税制のグリーン化，②製品や包装の回収・リサイクルに投じた費用，③社員への環境教育や国際環境管理規格（ISO）の取得にかかった費用などである。公害防止や省エネ，リサイクルなどに投じた費用を算出し，投資家や消費者に開示する制度として「環境会計」があるが，この環境会計制度は大手企業を中心に導入機運が高まっており，優遇税制の導入によって環境会計制度の普及を後押し，「環境保全」に資するものである。

(2) エコビジネスの種類

エコビジネスは，環境への負荷を軽減するような商品やサービスであったり，社会経済活動を環境保全型のものに変革させるのに役立つ技術やシステムなどを提供するようなビジネスに対する幅広い概念である。環境問題の質的変化，空間的な範囲の拡大や環境保全ニーズの多様化にともなう対象分野の拡大により，エコビジネスもその範囲と規模を拡大しつつある。環境重視，環境保護ニーズに対する企業活動（技術・製品・サービス）や住民意識の改革でエコビジネスは進展できる。

エコビジネスについての定義や分類方法については確立したものはないが，『環境白書』（1994年版）では，エコビジネスを表4.2のように便宜的につぎの

表4.2 エコビジネス

環境負荷を低減させる装置	公害防止装置等	大気汚染防止装置 水質汚濁防止装置 ごみ処理装置 騒音振動防止装置 大気汚染計測装置 水質汚濁計測装置 騒音振動計測装置 フロン排出抑制装置 純水利用の洗浄装置 CO_2分離技術 CO_2触媒固定化技術 CO_2植物固定化技術 CO_2処分技術 原油流出対策技術
	省エネ型装置又は技術システム	燃料電池 高効率電池 コージェネレーションシステム パッシブソーラー（OMソーラー） スーパーヒートポンプ 未利用エネルギー活用システム
	省資源型装置	再資源化装置 再資源化技術
	自然エネルギーによる発電システム	水力発電装置 風力発電装置 地熱発電装置 新エネルギー発電装置 ごみ発電装置
環境への負荷の少ない製品	低公害車	電気自動車 メタノール車 天然ガス自動車 ハイブリッド自動車 その他次世代自動車
	廃棄物のリサイクル・省資源化	アルミ缶リサイクル スチール缶リサイクル カレット（ガラス屑） 古紙 再生プラスチック 再生ゴム
	家庭での省エネ機器等	太陽熱利用機器 太陽光発電装置 住宅の断熱化 省エネ家電製品
	より環境への負荷の少ない商品	生分解性プラスチック 代替フロンガス その他のエコマーク商品 生分解性潤滑油 非スズ系の船底塗料 木材を有効利用した木製品

出所：環境庁『環境白書（総説）1994年版』178ページ

の分類表

環境保全に資するサービス	環境アセスメント	環境アセスメント（道路，埋立干拓，宅地造成，レジャー施設，その他）
	廃棄物処理	廃棄物処理ビジネス
	再生資源回収	再生資源回収ビジネス
	土壌・地下水汚染浄化	土壌・地下水汚染状況調査 土壌・地下水汚染浄化ビジネス
	環境維持管理	環境維持管理ビジネス
	環境コンサルタント	環境ビジネスコンサルティング 環境監査ビジネス 環境リスクマネジメント
	情報型エコビジネス	環境情報システム 環境教育 環境関連情報出版 エコツーリズム
	金融	環境関連信託 環境カード 環境関連預金 環境汚染賠償責任保険
社会基盤の整備等	廃棄物処理施設等	廃棄物処理施設整備事業 廃棄物管理収集輸送システム整備事業
	省エネ・省資源型システム	省エネルギー施設（省エネルギービル等） 地域冷暖房システム 新交通システム 下水処理水循環利用システム 雨水等利用システム
	緑化・植林事業	屋上緑化 沿道緑化事業 植林事業 環境負荷低減に資する森林整備事業
	下水道	下水道整備事業
	自然とのふれあいの場確保に資する事業	自然公園施設整備事業 都市公園整備事業 環境配慮型の道路・河川整備事業
	水域環境回復事業	水域環境回復事業
	その他	エコステーション整備事業 透水性舗装 環境への負荷の低減に資する鉄道の整備

四つの分野に分類している。

① 環境負荷を低減させる装置

製品を生産するときに排出されるNO_xやSO_xなど環境への負荷を低減させる公害防止装置および技術，コージェネレーションなどのようなエネルギー効率の向上に資する省エネルギー技術，再生可能な自然エネルギーによる発電シス

テムなどである。

② 環境への負荷の少ない製品

生産段階において，省エネルギーの概念に基づいた製品の開発や，製品，商品の再生利用や省資源，廃棄物の減量化に資するリサイクル製品，環境への負荷を軽減させる代替商品の利用をはかる。また，家庭において，省エネルギー・省資源に基づいた機器の使用を行ったり，エコマーク商品の使用をはかる。

③ 環境保全に資するサービスの提供

環境保全をトータルにとらえ，事前のアセスメントや廃棄物の処理，環境の維持管理，環境情報システムの構築などのソフト面に着目した事業の展開をはかったもの。

④ 社会基盤の整備

公共部門における環境関連事業を中心に，社会資本の整備と環境保全を目的とした効果ある設備や装置の設置など。

また，エコビジネスネットワークでは，エコビジネスを，①技術系エコビジネス，②人文系（情報・ソフト系）エコビジネスとに二大別している。エコビジネス研究会では，①公害対策型エコビジネス，②環境保全型エコビジネス，③環境創造・維持型エコビジネス，および，④情報型エコビジネスのように分類している。

(3) 期待されるエコビジネス

かつての大量生産・大量消費・大量廃棄から，自然環境を座標軸とした新しいエコスタンダードへ市場が順次移行している。そして，人間の欲望を最大限に刺激する「消費型社会」から，環境に準拠した「環境共生社会」への変革を是非達成しなければならない。このように，環境への関心が世界的な高まりをみせる今日，市場そのものが新しいエコスタンダードに移行しつつある。たとえば，ISO14000シリーズ，容器包装リサイクル法，ゼロエミッションとエコファクトリー，環境への負荷の少ない製品づくりなどがあり，このような変化に俊敏に対応する企業は堅実な成果を遂げている。国や地方自治体においても，環境を保全・修復するための環境装置・施設を対象にさまざまな助成金制度を

表4.3 新規・成長15分野の市場規模 （兆円）

産業分野	1993年の市場規模	2010年の市場予測
医療・福祉関連分野	38	91
生活文化関連分野	20	43
情報通信関連分野	38	126
新製造技術関連分野	14	41
流通・物流関連分野	36	132
環境関連分野	15	37
ビジネス支援関連分野	17	33
海洋関連分野	4	7
バイオテクノロジー関連分野	1	10
都市環境整備関連分野	5	16
航空・宇宙（民需）関連分野	4	8
新エネルギー・省エネルギー関連分野	2	7
人材関連分野	2	4
国際化関連分野	1	2
住宅関連分野	1	2

出所：通商産業省産業政策局編『経済構造の変革と創造のためのプログラム』1996年（日本総合研究所『企業のための環境問題』194ページ）。

導入している。個人向けの助成も充実しつつあり，エコビジネスを支援し，エコビジネスにとって強い追い風が吹いている。

さて，エコビジネスの将来展望については，いろいろな意見があるが，これからが明るい産業であることは間違いない。環境保全ないし環境修復に対する寄与が期待されており，21世紀における新産業の大きな柱の一本になる可能性がある。最近，政府は次世代産業育成に向けた環境分野の官民共同プロジェクトを検討している。すでに欧米で環境産業を次世代産業の柱とする動きが出ており，日本も新規成長分野でトップランナーとなるため取組みを強化する構想である。環境産業の育成に向けて数値目標を設定して，2000年度から5年間程度連続して予算を集中投入する予定である。

ちなみに1994年度の通産省産業環境ビジョンの試算によれば，1993年の15兆2900億円，雇用規模約64万人から2000年には23兆2800億円，2010年には35兆200億円で雇用規模が140万人にまで伸びるといわれている。

エコビジネスの一部として最近注目されている環境管理・監査の国際規格ISO14000シリーズについて述べたい。地球環境問題に対する国際的な関心が

表 4.4 エコビジネスの市場予測

(億円)

市場規模合計	1993年	2000年	2010年
	152,900	232,800	350,200
		(年率 6％)	(年率 4％)
1.環境支援関連分野	13,400	20,000	34,800
2.廃棄物処理・リサイクル関連分野	109,300	161,700	228,000
3.環境修復・環境創造関連分野	8,700	14,500	24,300
4.環境調和型エネルギー関連分野	194,00	31,300	40,200
5.環境調和型製品関連分野	2,300	5,500	23,200
6.環境調和型生産プロセス関連分野	―	―	―

注) 1) 市場規模の合計は，分野間の重複を排除しているため，各分野の合計と一致しない。
2) 公共部門が直接事業を行っているものについては，推計から除いてある。ただし，公共部門からの委託により，民間部門が行っているものは，環境産業のなかに含めている。
出所：通商産業省環境立地局編『産業環境ビジョン』通商産業資料調査会 1994年（日本総合研究所『企業のための環境問題』195ページ）。

高まっているが，1980年代以降になって欧米を中心に各産業界が環境に与える負荷を最小限にとどめようとする種々の取組みを始めた。1992年の「地球サミット」（国連環境開発会議）の前年オランダのロッテルダムで開催された世界産業界会議において「持続的発展のための産業界憲章」が採択された。持続的発展のための諸問題を検討していく過程で，企業活動による環境破壊を最小限に食い止めるためには，国際規格の制定が有効な手段と成り得るという結論を出し，国際標準化機構（ISO）に対して，環境に関する国際規格化に取り組むよう要請を行った。

　ISOは1993年に環境管理に関する専門委員会を設置し，環境管理・監査の国際規格化の進め方を検討した。1996年にはISO14000シリーズとして，環境管理（SC1：14000〜14009），環境監査（SC2：14010〜14019），環境ラベリング（SC3：14020〜14029），環境パフォーマンス評価（SC4：14030〜14039），ライフサイクル・アセスメント（SC5：14040〜14049），用語と定義（SC6：14050〜14059）など六つの分科会で環境管理と環境監査の標準化が完了した。ISO14000シリーズは以上のような規格より構成されているが，その中核をなすの

がISO14001である。環境管理システム（EMS）の認証取得を希望する事業場（企業，地方自治体，教育機関など）は，内部的に自らの環境に対する現状認識や環境方針を明確にし，自発的に環境負荷を削減できるような組織をつくらなければならない。そして，図4.1のような「環境方針と計画」(Plan) →「実施および運用」(Do) →「点検および是正処置」(Check) →「経営層による見直し」(Action)，のサイクル（PDCAサイクル）を回していきながら，継続的な改善ができる仕組みを構築して，外部の第三者機関の審査を受けて認証を得ることになる。

重要な点は，自主性，情報公開，継続的な改善の三点であり，まさに昨今の規制の流れやポリシーを捉えた先進的な仕組みといえる。

事業場にとって大切なことは，ISO規格をいかに有効に活用するかという視

継続的改善

ACTION
4.6 経営層による見直し

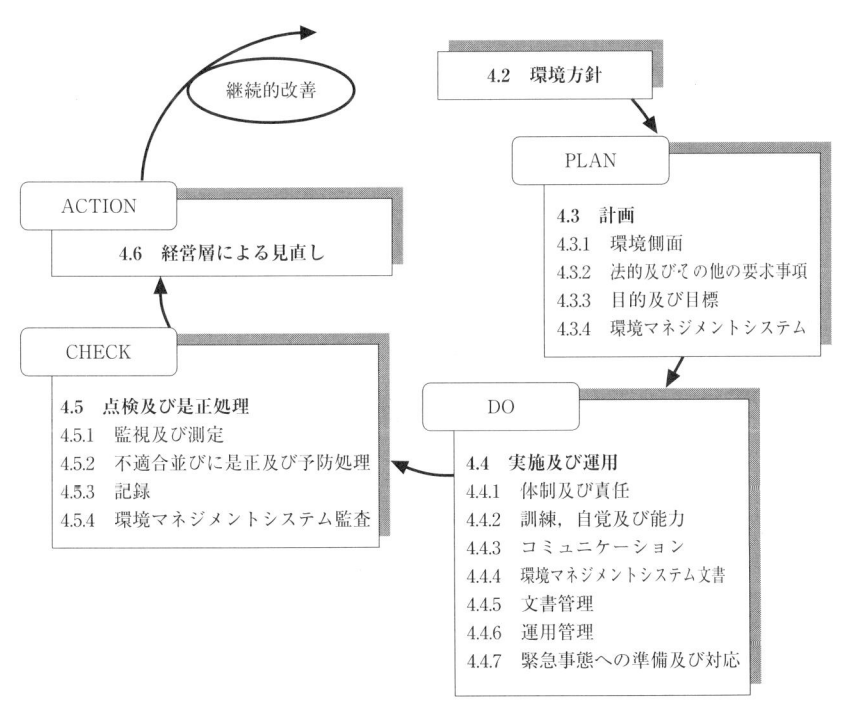

CHECK
4.5 点検及び是正処理
4.5.1 監視及び測定
4.5.2 不適合並びに是正及び予防処理
4.5.3 記録
4.5.4 環境マネジメントシステム監査

4.2 環境方針

PLAN
4.3 計画
4.3.1 環境側面
4.3.2 法的及びその他の要求事項
4.3.3 目的及び目標
4.3.4 環境マネジメントシステム

DO
4.4 実施及び運用
4.4.1 体制及び責任
4.4.2 訓練，自覚及び能力
4.4.3 コミュニケーション
4.4.4 環境マネジメントシステム文書
4.4.5 文書管理
4.4.6 運用管理
4.4.7 緊急事態への準備及び対応

図4.1 環境管理システム（ISO14001）の構成

点である。ISO規格を取得し維持するためにはそれなりのコストを発生するが，省資源・省エネルギーによるコスト削減，環境リスクの回避，環境配慮に関する客観的評価の獲得などのメリットが発生する。したがって，ISO規格の取得が経営者にとってプラスになるか否かは，ISO規格の利用のしかたにかかっている。

エコビジネスの種類は表4.2に示したように多岐にわたっており，紙数の関係ですべてを述べることができない。ここでは身近な廃プラスチックの有効利用にかかわるエコビジネスについて述べることにする。

(4) 廃プラスチックにかかわるエコビジネス

① プラスチックの種類と用途

プラスチックの常識的な定義としては「軽くて丈夫で，美しくて安定で腐食せず，容易に種々の形状に成形ができ，比較的安価な材料であり，その上透明性がよく着色も容易な物質」で利便性に非常に富んでいる。さらに水，ガスおよび電気を通さないなどの利点ももった非常に優れた素材であるので，在来の天然材料に置き換わってきている。プラスチックの有用性は高分子でできていることに依存しており，個々のプラスチックの基本的性質は分子の大きさや原子の結合状態の差異に基づいている。

プラスチック製品は電気，機械，化学，原子力，車両，食品，包装，医学，農業，水産および日用品などのあらゆる工業製品や家庭用品など多岐にわたって使われており，その用途はますます拡大される傾向にある。プラスチック製品が他の材料の製品に比較して，製品の性能・成形加工法・コストなどの面で優れた点が多いために，プラスチック材料の種類もますます多くなっている。

プラスチックは基本的には炭素原子と水素原子からなる高分子有機化合物で，熱的性質によって熱可塑性プラスチックと熱硬化性プラスチックに二大別される。多くのプラスチックは常温では固体であるが，加熱すると軟化して流動性が増し冷却すると固化する。この工程は何回でも繰り返すことができるので再利用が可能である。このような性質をもったプラスチックを熱可塑性プラスチックという。ポリエチレン（PE），ポリプロピレン（PP），ポリスチレン（PS）

やポリ塩化ビニル（PVC）がこれに相当し成形が容易で安価なため汎用樹脂として幅広く利用されている。これに対し，加熱して成形後に冷却すると化学変化を起こして硬度の大きい物質に変化し固化して再び加熱しても軟化しないプラスチックもある。これらのプラスチックは冷却後再び温度を上げても軟化溶融することはなく，高温になると燃えてしまう。このような性質をもったプラスチックを熱硬化性プラスチックといい，フェノール樹脂（PF），ユリア樹脂（UF），メラミン樹脂（MF）およびエポキシ樹脂（EP）などがこれに相当する。熱硬化性樹脂でも，加熱することなく硬化剤を添加し化学反応させて常温に放置しておくと，硬化して固体になるものもある。

　プラスチックの用途として最も多く使用されているのは容器類であり，比較的寿命の短いフィルム・容器類がプラスチック製品のほぼ半分を占める。フィルムの用途としては包装材に多く使用され，ポリ袋やラップが代表的なものである。容器類では直接飲食物に触れるびんやトレイ形式のものと，運搬具として使用される箱やコンテナなどが代表的なものである。また飲料・食料などの容器類には透明プラスチックが使われ，トレイなどには発泡スチロールが使われており，これらは一度使えば廃棄される。また，同じ容器でもビールびんやパンなどを運搬するコンテナのようなものは，壊れるか汚れて使用に耐えがたくなるまで使用されるので耐用年数が長い。

　フィルム・容器類についで多いのが電気製品などの小型機械器具の部品で，つぎに配管用パイプ，屋根・床・天井などの建材といった耐用年数の長いものである。これらがプラスチック製品の30％余りを占める。

② プラスチックの生産と廃棄の現状

　20世紀の初頭にフェノール樹脂がプラスチックとして最初に登場して以来，現在種々のプラスチック製品が生産されている。プラスチックは最も優れた素材の一種であり，今日では必要不可欠なものになっている。とくに，1960年頃から石油化学工業の発展によりポリエチレン（PE），ポリスチレン（PS）をはじめとするプラスチック材料の生産が急増し，現在では全世界の年間生産量が1億tにも達している。日本の生産高は世界第二位であり，ポリエチレン

表4.5 プラスチック（樹脂）および廃プラスチックの諸種統計表

1. 樹脂生産量

生産先	生産量
樹脂輸入量	59万トン
樹脂輸出量	278万トン
樹脂加工量	999万トン
計	1304万トン

2. 樹脂製品生産量

生産先	生産量
樹脂輸入量	43万トン
樹脂輸出量	35万トン
樹脂加工量	966万トン
計	1044万トン

3. 廃プラスチック類総排出量

排出先		排出量
一般廃棄物	使用済製品量	423万トン
産業廃棄物	使用済製品量	350万トン
	未使用品	73万トン
計		846万トン

4. 廃プラスチック類の処分方法

処分方法	処分量
埋立	350万トン（41%）
焼却	303万トン（36%）
ゴミ発電	108万トン（13%）
マテリアルリサイクル	85万トン（10%）
計	846万トン（100%）

5. マテリアルリサイクルの需給明細

排出先排出量		再利用先	
産業廃棄物（未使用品再生），一般廃棄物	62万トン（73%）	再生材料	58万トン（68%）
産業廃棄物（使用済品再生）	23万トン（27%）	再生製品	27万トン（32%）
計	85万トン（100%）	計	85万トン（100%）

出所：プラスチック処理促進協会

(PE)，ポリプロピレン（PP），ポリスチレン（PS），塩化ビニール（PVC）その他の熱可塑性樹脂および熱硬化性樹脂などのプラスチック材料の生産総量は表4.5にみられるように1000万tを超えている。

　これらのプラスチックの生産には2億kl（12.6億バーレル）の石油を要する。石油の可採埋蔵量は有限であり，埋蔵量が少なくなると原油の価格が上昇して，われわれの生活の質を低下させることになる。現在でも大量の石油がエネルギー源として使用されており，石油に依存しない代替エネルギーへ早急に変換しなければならない時期に達している。化学物質として石油を原料にするプラスチック産業についても，環境問題だけではなく資源問題からも考慮していかなければならない。

プラスチックの廃棄の現状をみると、一般廃棄物のなかに約15％のプラスチックが含まれ、大都市のごみでは、その比率は20％にも達しているといわれている。1994年度の実績では一般廃棄物中のプラスチックは年間420万tにも達し、産業廃棄物中のプラスチックも420万tを超えている。両者で年間840万tにも余るプラスチックが廃棄物として排出されている。そして廃プラスチックの処理は、およそ50％が焼却で40％が埋立てされており、リサイクルされる量はわずか10％に過ぎない。

　現状の廃プラスチックの焼却や埋立てにおいても、すでに種々の問題が生じている。プラスチックから生じる高熱のため焼却炉が損傷を受けたり、埋立地の地盤が安定せず跡地利用に支障をきたしている。そのために新しい処理方法、あるいは廃棄後に易分解性を有する新しい素材としての生分解プラスチックの開発が望まれる。

　さて、日本は過去において公害防止の取り組みにより産業の発展を大きく促した経験がある。そのため現在では日本のSO_xやNO_xのような有害排出ガスの排出量が他の主要先進国に比べてはるかに少ない。しかし、現在日本が深刻な事態に陥っている有害排ガスにダイオキシンがある。これは毒性が非常に高く、ベンゼン環や塩素を含む物質が燃焼することによりきわめて容易に非意図的に生成する。

　ダイオキシン問題がクローズアップされて以来、小型焼却炉で不連続運転による焼却処理を行っている多くの地方自治体や産業廃棄物処理業者は、相当な濃度のダイオキシンの発生リスクを抱えており、その防止対策に早急に取り組まなければならない。一般に日量規模で100t以下の小型焼却炉では、安定した24時間連続運転ができない。焼却のオン・オフの際に最もダイオキシンが合成されやすい温度帯（300℃付近）を通過するので、小型焼却炉では多量のダイオキシンが発生する。ダイオキシンの発生抑制方策としては、焼却処理に回される廃棄物量を削減することが最も重要であることはいうまでもない。そのためには、ごみの排出源における排出抑制方策を考えるべきである。つぎに、排出した廃棄物についてはその素材を可能なかぎり再活用（マテリアルリサイ

クル）すべきである。たとえば，紙類，缶類，ガラスびん類，そしてペットボトルを対象とした素材活用方策がその典型である。

コスト的にマテリアルリサイクル方策に適合しない廃棄物は焼却処理に回されることになるが，800℃以上の高温で24時間連続的に安定燃焼させることが焼却施設におけるダイオキシン抑制の必須条件である。連続処理を行うためには，日量100～300t規模のまとまった廃棄物量の確保が必要である。現状の廃棄物発生量規模では，連続処理が不可能な地方自治体や産業廃棄物処理業者がほとんどであるため，地方都市においては廃棄物処理の広域連携による集中処理が必要不可欠な方策となっている。また，広域連携に際しての廃棄物の輸送性，保管性および燃焼時の環境性などを考慮するとRDF（ごみ固形燃料化）が有力な手段の一部になるであろう。

③ 廃プラスチックの有効利用技術

a 廃プラスチックの有効利用の現状と将来

プラスチックは軽量であるため，廃棄される発泡製品を含めてかさばることが多い。プラスチックは容積的には重量以上に目立つ傾向が大きいので，有用に使われながらマイナーな受取り方をされている。

一般廃棄物は地方自治体の責任で収集および処理が義務づけられているが，そのなかに含まれるプラスチックは自治体によっては適正処理の困難な廃棄物として扱われることが少なくない。プラスチック廃棄物の低回収効率，高発熱量および非腐食性が焼却・埋立処理に依存している自治体に歓迎されないからである。廃棄物処理法や容器包装リサイクル法による規制も強化される方向にはあるが，リサイクルできるもの，たとえばPETボトルなどの分別収集と再生に積極的に努めなければならない。

つぎに産業廃棄物は排出者の自己責任で処分しなければならないため，プラスチックの場合はリサイクルできる条件にあるものはリサイクルされ，その他は一般廃棄物に準じて産廃業者に処理されているのが現状である。産業廃棄物は各産業の事業場ごとに排出されるため，プラスチックの種類ごとに回収可能である。このためリサイクルは一般廃棄物中のものより推進されている。プラ

スチック製造業では自社内クローズドシステムでリサイクル処理ができるし，使用者サイドもまずは循環使用からリサイクルに進むことができる。

さて，通産省が1993年5月に発表した廃プラスチック処理対策によると"廃プラスチック21世紀ビジョン"の旗を揚げ，21世紀初頭には素材原料（マテリアルリサイクル）に20%，そしてエネルギー回収（サーマルリサイクル）に70%転換し，埋立処分するものは10%以下を目標とする基本方針を打ち出している。

最近の廃プラスチック処理・処分状況は，表4.5のようにマテリアルリサイクルに10%，サーマルリサイクル（ごみ発電）に13%で，合計23%が有効活用されている。これはゴミ焼却熱を利用している自治体が増えていることを示し，表4.5には示されていないが，これ以外に暖房，温水プールなどに温熱が利用されていることは，われわれがよく見聞するところである。プラスチックは発熱量が高く地域エネルギープラントの熱源として適しているといえよう。

しかし，廃棄物をすぐに燃やしてしまうことが本当の有効利用といえるかどうかは疑問である。

廃プラスチックをもっと有効に利用する方法は，再びプラスチック材料として再資源化することである。しかしながら，廃棄物の分別や汚れの除去などの困難性がともない，現在の原油供給状況や価格などを考慮すると，再資源化に対して難しい問題がある。

幸い，産業系廃プラスチックについては未使用品の素性がはっきりしたものもあり，分別も比較的容易で量的にもまとまる。その大半が表4.6にみられるようにマテリアルリサイクルされており，これを原料とした再生加工業が多岐

表4.6 廃プラスチックのマテリアルリサイクルの現状

(1994年度)

	排出量	リサイクル量	リサイクル率
産業廃棄物（未使用品）	73万トン	62万トン	85%
産業廃棄物（使用済品）	350万トン	23万トン	7%
一般廃棄物（使用済品）	423万トン	0万トン	0%
合 計	846万トン	85万トン	10%

にわたってすでに成り立っている。

b 廃プラスチックのリサイクル方策

リサイクルの試みはすでに20年以上も前から試験実証が繰り返され，主として再生利用が定着している。プラスチックの再資源化をめぐる動向は「再生資源の利用の促進に関する法律」（平成5年6月16日施行）や「容器包装に係る分別収集及び再商品化促進に関する法律」（平成8年4月1日施行）にみられるように急速に動きはじめてきた。

廃プラスチックといっても種類や性状は多種多様であり，各種の着色物質や異物の混入などを考えると，その品質は千差万別である。有効利用を考えるに当たっては，廃プラスチックの性状に適した方法を選択する必然性が生じる。有効利用の方法としては，図4.2に示すように再びものとして再生利用するマテリアルリサイクル，エネルギー源として活用するサーマルリサイクルおよびリターナブルユース（再使用）に大きく分類される。これらのリサイクル技術のなかで現在最も広く実施され，プラスチック加工技術が組み入れられているのは再生利用である。再生は対象とするプラスチックの種類に応じて技術システムが確立されている。

最近，廃プラスチックのマテリアルリサイクルとサーマルリサイクルの中間的で，両方に関係する方法として廃プラスチックが有効に利用されている。鉄鋼石に含まれる酸化鉄を溶鉱炉（高炉）で還元して鉄を生産するときに，廃プラスチックが還元剤および熱源に使われコークスの代替品になっている。

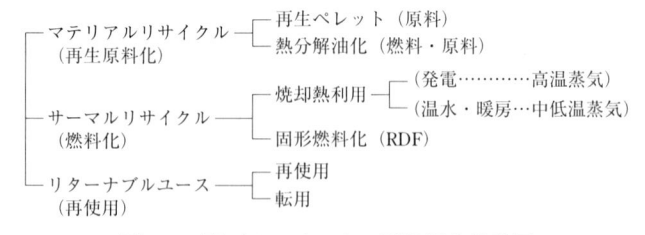

```
            ┌ マテリアルリサイクル ┬ 再生ペレット（原料）
            │   (再生原料化)      └ 熱分解油化（燃料・原料）
            │                    ┌ 焼却熱利用 ┬ (発電…………高温蒸気)
            ├ サーマルリサイクル ─┤           └ (温水・暖房…中低温蒸気)
            │   (燃料化)         └ 固形燃料化（RDF）
            └ リターナブルユース ┬ 再使用
                (再使用)        └ 転用
```

図 4.2 廃プラスチックの再資源化体系図

引用文献

エコビジネスネットワーク（1997）『98環境ビジネス最新キーワード114』双葉社
加藤三郎（1998）『循環社会創造の条件』（B＆Tブックス）日刊工業新聞社
F. カプラ，D. パウリ（赤池学監訳）（1996）『ゼロエミッション』ダイヤモンド社
川合真一郎，山本義和（1998）『明日の環境と人間』化学同人
環境庁『環境白書』1993年～2000年版
『中国新聞』2000年12月9日付朝刊
新田義孝（1995）「循環型社会のイメージ」『バイオシティ』No. 3, 36ページ
『日本経済新聞』2000年12月14日付朝刊
日本総合研究所，井熊均（1999）『企業のための環境問題』東洋経済新報社
藤平和俊（1999）『環境学入門』日本経済新聞社
プラスチックごみ最適処理技術研究会（1995）『プラスチックごみの処理処分』日報
松尾昭彦，中峠禎孝（1995）「呉地域における産業廃棄物の現況―生物系廃棄物の有効利用方策について」『社会情報学研究』vol. 1, 29～44ページ
松尾昭彦，中峠禎孝（1997）「地域における廃プラスチックの有効利用方策の検討―分別収集システムの構築を目指して―」『社会情報学研究』vol. 3, 37～51ページ
未踏科学技術協会，エコマテリアル研究会（1995）『LCAのすべて』工業調査会
山本啓介，川邊眞敬，松尾昭彦（2000）「循環型社会構築に向けてのエコタウン事業」『社会情報学研究』vol. 6, 169～184ページ
依田直監修（1998）『人類の危機トリレンマ』電力新報社

第5章　生活環境としての高齢社会

　1999年は国際高齢者年（International Year of Older Persons）であり，高齢者のための五つの国連原則としての，高齢者の「自立・参加・ケア・自己実現・尊厳」を，各国の高齢社会対策上に反映し促進する社会の実現が奨励された。そのテーマには「すべての世代のための社会をめざして」（toward a society for all ages）が掲げられている。これは高齢化がもはや高齢者のみの問題ではなく，多次元，多分野，多世代の問題であり，また個人の高齢期のみならず生涯にわたる問題，社会の成熟との関連などを多様に含んでいることから設定されたものとされている。

　今日，まさに少子・高齢化社会がもたらす，これまでの社会構造全体の改革や価値観・発想の転換を迫るほど多様化・複雑化する生活環境問題・課題に対して，どのように認識しその解決に向けてどのような行動様式や価値をもつか，その力量が問われているといってよい。

　本章では，高齢社会の諸問題を，「家族」「地域」「職場」の生活環境の場ごとに確認し検討すると同時に，今後のそれぞれの自立社会を実現すべく，自助・互助・公助システムの構築に向けての提言を目的としている。

1　高齢社会の諸相

(1)　高齢社会とは

　一般に，老年人口比率（全人口のなかで65歳以上高齢者の占める割合）が7％を超え上昇していくことを「人口高齢化」（population aging），人口高齢化の進む社会を「高齢化社会」（aging society）と称し，14％が「高齢社会」（aged society）到達の基準値とみられている。また「高齢社会」は，多産多死から少産少死へという人口転換のダイナミックスが及ぼす，経済・社会・医療・年

金・福祉などのさまざまな分野への深刻な影響をも包含しており，人生80年の生活構造の前提として，高齢者を社会資源としていかにとらえ，活用するかの視点をも合わせもっている。『老年学事典』のなかにも，「高齢社会」の概念は「社会の変動過程から生起してきた高齢者の社会問題を，現代社会の生活問題と将来予測の展望にかかわりながら表現されたもの」とされている（那須1989，7ページ）。

(2) 老年人口の推移

年齢三区分別割合をみると，戦前まではおおむね年少人口（0～14歳）比35％，生産年齢人口（15～64歳）比60％，老年人口（65歳以上）比5％前後で推移している。戦後，とりわけ高度経済成長期の1970年以降，年少人口の減少と老年人口の増加の顕著な変化がみられ，1995年国勢調査では年少人口比15.9％，生産年齢人口比69.4％，老年人口比14.5％に至った。

1960年から2000年までの10年ごとの老年人口比率の上昇ポイントは1.3，2.0，3.0，5.9と目覚ましく，1997年には年少人口を上回り，今後も一貫した増加を示し2050年には32％という，まさに国民の3人に1人が高齢者という驚異的水準に達するものと推計されている。

人口を男女年齢別に積み上げた「人口ピラミッド」からも，その形が「富士

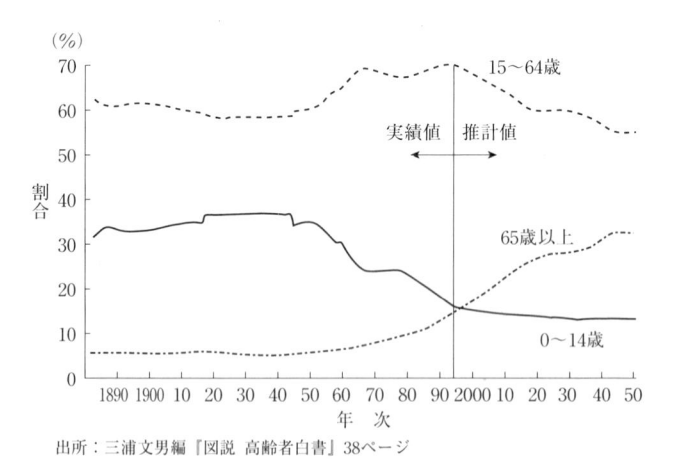

出所：三浦文男編『図説 高齢者白書』38ページ

図 5.1　年齢三区分別人口割合：1884～2050年

山型」から第一・二次ベビーブーム世代人口の突出した「ひょうたん型」へ，さらには「釣り鐘型」「つぼ（逆ピラミッド）型」へと変形していく様が現われている。しかもとくに45歳あたりを境界にして，それ以下の部分が減少し，それ以上の部分が増加するという「生産年齢人口の中高年化」傾向と，75歳以上の「後期高齢者」比が増加するという「高齢人口の高齢化」傾向をも示している。

これらは，生産年齢人口の扶養負担を示す指標である従属人口指数総数（働き手である年齢層がどれだけの子どもと高齢者を養うかを表わし，年少従属人口指数〔0～14歳人口÷15～64歳人口×100〕＋老年従属人口指数〔65歳以上人口÷15～64歳人口×100〕で求められる）の上昇を意味するものである。1995年前後の45％水準が，2050年には83％に達するものとされ，社会保障に関する国民負担率の上昇は避けられず各種の制度改革が急がれる根拠となっている。

日本の高齢化の速度が先進諸国と比較しても類をみないほどのスピードで進行している点も特徴である。老年人口比の7％から14％への倍加年数は，

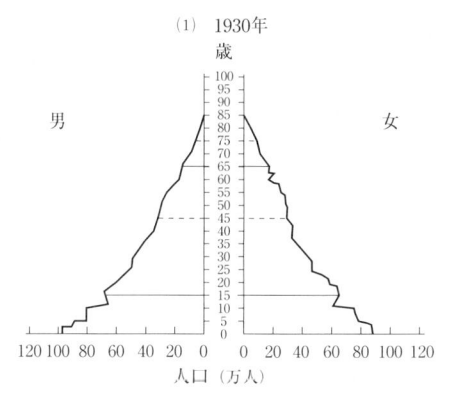

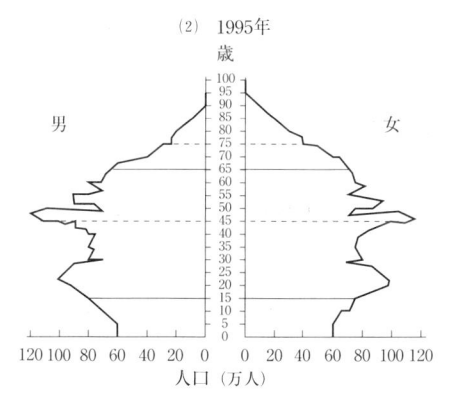

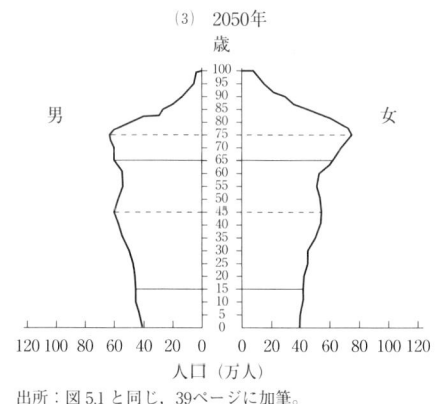

出所：図5.1と同じ，39ページに加筆。

図5.2 人口ピラミッドの比較：1930年，1995年，2050年

人口高齢化の先進国であるフランスで114年，スウェーデン82年というように，高齢化社会への社会全体のシステムの移行が長期的に行われたのに対し，日本では24年という速さで，2000年には世界最高水準に達するとされている。

(3) 人口高齢化の要因

人口高齢化の直接的要因となるのは，いうまでもなく出生率の低下と平均寿命の伸びといった自然人口動態の変化である。また人口移動という社会人口動態の変化も，地域の高齢化に視点を当てると大きな要因となる。

① 合計特殊出生率の低下

合計特殊出生率とは再生産年齢人口15～49歳女子の年齢別出生率を合算した値で，1人の女子が生涯のうちに生む子どもの平均数を示す指標である。

ベビーブームと呼ばれた1947～49年における合計特殊出生率は5を超えていたが，以降減少傾向にあるものの1966年のひのえうま年を除くと，1971～74年第二次ベビーブーム世代の結婚・出産時期のため増加するなどを経て，1974年までは人口置換え水準とされる2人レベルを維持してきた。1975年から急激な減少傾向に入り，1995年1.42，1997年1.39と低下している。

この出生率低下の要因としては，女性の高学歴化と社会進出による「結婚の

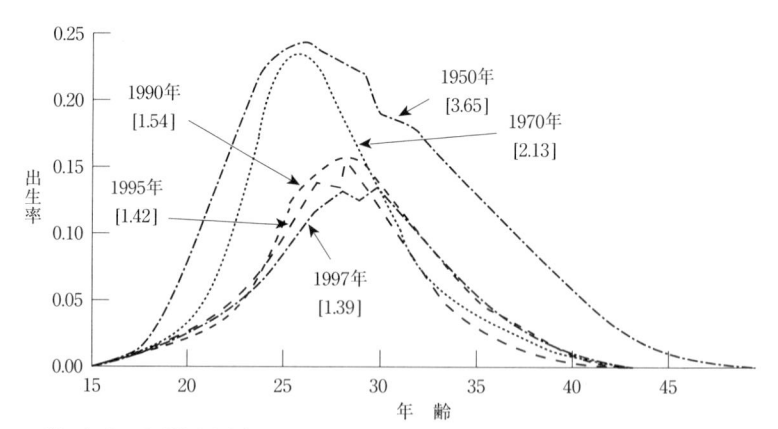

注) [ ] は合計特殊出生率。
出所：国立社会保障・人口問題研究所『人口問題研究』(図5.1に同じ，42ページ)。

図 5.3　女子の年齢別出生率：1950, 1970, 1990, 1995, 1997年

機会費用の増大」(永久就職としての結婚への魅力が薄れ，むしろ結婚によって失うもののほうが多い)や，結婚に対する社会的圧力の減少，女性の結婚観の変化などによる未婚率の増加と晩婚化・晩産化，さらには育児と就労とを両立することの困難さなどがしばしば指摘されるところである。1970〜90年の女子の年齢別出生率をみても出生頻度のピークは25歳から28歳に上昇し，晩婚化によって30歳以下の若年齢で出生率が大きく低下しているのが明らかである。

② 平均寿命の伸び

1995年で，日本の平均寿命は男性76.36年，女性82.84年まで上昇し，65歳の高齢者年齢に到達できる比率は男性83％，女性91％となった。飛躍的に伸長された高齢期をどう生きるかは普遍的かつ重要課題として採り上げられている。この平均寿命の伸びは，近代化にともなう生活水準の向上，生活環境の改善，栄養の改善，医療技術の進歩，医療保険制度などの確立によってもたらされる死亡率の低下によるものである。日本の死亡率は乳幼児死亡率の急速な低下から戦後一貫して低下しているが，1980年初め頃から徐々に増加傾向がみられる。これはいまや全人口死亡率の約4分の3を占めるに至った65歳以上人口の増加によるものである。

③ 人口移動の変動

地域人口の高齢化についていえば，高度経済成長期以降の都市への一極集中による大規模な人口移動が，地域人口の不平等発展をもたらし，過疎・過密現象を発生させた。今日でもなおも20歳前後の若年層を中心に都市への移動が続いている。人口移動が地域の人口高齢化に及ぼす影響は，単独高齢者や寝たきり高齢者の介護ニーズの増加をはじめ，地域社会の基盤弱体化などきわめて深刻かつ緊急課題である。

2 生活環境としての高齢社会の抱える諸問題

(1) 家族と高齢社会

① 家族のライフサイクルの変化

高齢社会の要因である出生率の低下と平均寿命の伸びは，同時に家族のライ

フサイクル上に大きな変化をもたらした。1935（昭和10）年と1995年の違いを，岡崎（エイジング総合研究センター 1999, 30～31ページ）が作成したモデル（戦前・現在とも第二子が男，結婚後5年目に生まれたと仮定，戦前は子ども数5人，現在は2人と仮定）を用いて比較してみると，まず出産期間は15年から5年へと大幅に短縮されたが，子ども1人当たりの教育期間が高等教育まで延長されたため，教育修了時の親年齢とその期間には大きな変化はみられない。しかし何よりも末子が独立してから夫妻死亡までの期間は，戦前では夫婦ふたりの期間10年，寡婦期間5年に対し，現在ではそれぞれ21年，10年と倍加している。この期間は「Empty nest期」（成長した鳥が巣立ち，後には老いた親鳥が残る期間）と称され，とくに子どもを生きがいとしてきた母親が孤独感や無力感などによる「空の巣症候群」に陥りやすいことが指摘されている。80年人生の約3分の2を占めるまでに延長されたこの期間を，いかに過ごすかが高齢社会の，また家族の，夫婦の今日的課題である。

　ブラッド（Blood, R. O.）は，このempty nest期の長期化を反映して「夫婦の伴侶性」（Companionship）機能の出現を現代家族の新機能として論じているが，これは夫婦間で情報を伝えあい，共通の友人をもち，同伴して社会参加することなどに現われる，夫婦で心配事を相談しあう精神衛生機能とされている。家族・個人のライフコースにおいて，従来の子どもとのかかわりから，配偶者や友人，近隣社会とのかかわりあいを重層的に，自らが積極的に構築していく必要があろう。

　さらにあわせて，老親扶養期間の比較をすると，戦前では父親が60歳（昭和30年代までの高齢者年齢）から母親死亡（65歳）までは8年であるのに対し，現在では父親65歳から母親死亡（84歳）までは22年と，3倍近い伸びを示している。今日では，老親の生活は基本的には社会保障によって支えられているものの，老親扶養にかかわる問題は親・子双方にとって難問を多く抱えている。

② **家族形態の変化にともなう高齢者世帯構造**

　戦前から戦後にかけての家族形態の変化の特徴は，核家族世帯化と単独世帯化である。1920（大正9）年の第一回国勢調査から1955（昭和30）年までは普

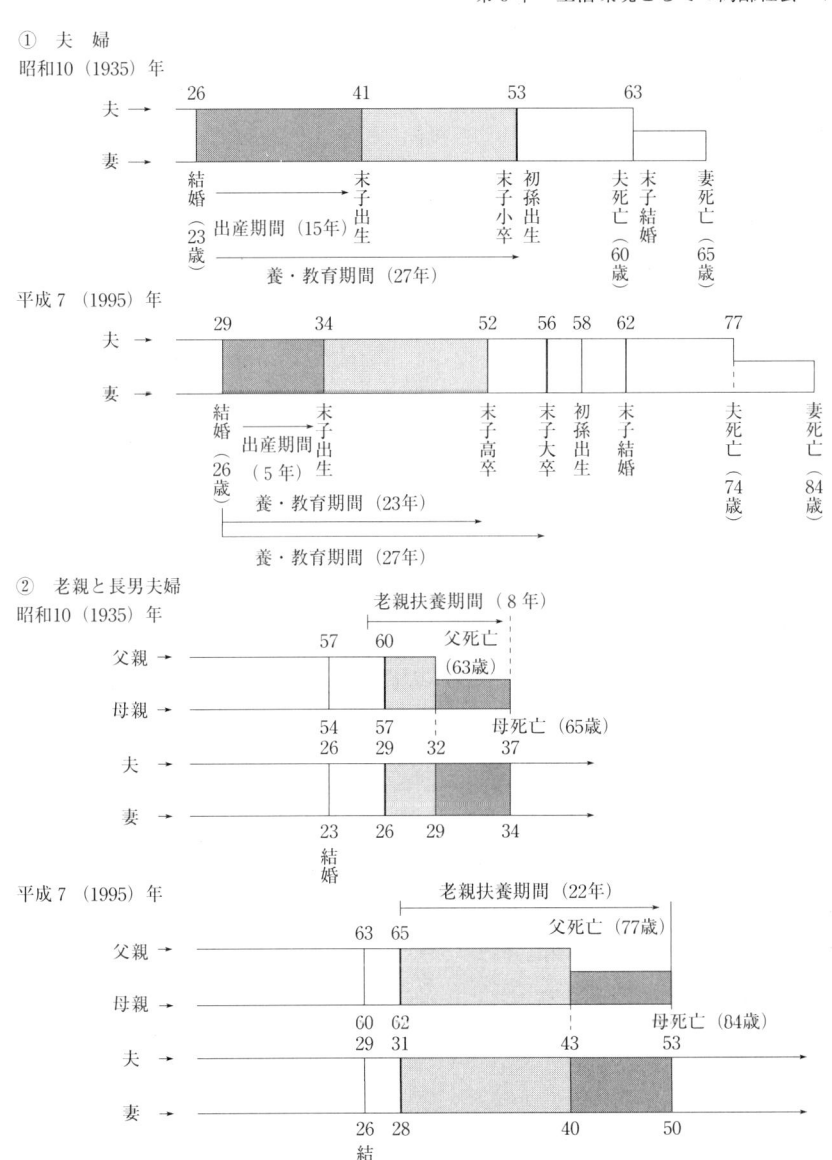

第 5 章　生活環境としての高齢社会　105

① 夫　婦
昭和10（1935）年

夫 →　　26　　　　　41　　　　　53　　63
妻 →
　　　結　　　　　末　　　　　末初　夫末　　妻
　　　婚　　　　　子　　　　　子孫　死子　　死
　　　　　　　　　出　　　　　小出　亡結　　亡
　　　（23　出産期間（15年）　生　　卒生　（婚　（65
　　　歳）　　　　　　　　　　　　　60　　歳）
　　　　　　養・教育期間（27年）　　　歳）

平成 7（1995）年

夫 →　　29　　34　　　　52　56 58　62　　　77
妻 →
　　　結　　　末　　　　末　初末　　　　夫　　妻
　　　婚　　　子　　　　子　孫子　　　　死　　死
　　　　　　 出　　　　高　出結　　　　亡　　亡
　　　（26　 産　　　　卒　生婚　　　　（74 （84
　　　歳）　　生　　　　　　　　　　　歳）　歳）
　　　　　出産期間（5年）
　　　　　　　養・教育期間（23年）
　　　　　　　　養・教育期間（27年）

② 老親と長男夫婦
昭和10（1935）年

　　　　　　　　　　老親扶養期間（8年）
　　　　　　　57　60　　父死亡
父親 →　　　　　　　　　（63歳）
母親 →
　　　　　　54　57　　　母死亡（65歳）
　　　　　　26　29　32　　37
夫 →
妻 →
　　　　　　23　26　29　　34
　　　　　　結
　　　　　　婚

平成 7（1995）年

　　　　　　　　　老親扶養期間（22年）
　　　　　　63　65　　　　父死亡（77歳）
父親 →
母親 →
　　　　　　60　62　　　　　母死亡（84歳）
　　　　　　29　31　　　43　　53
夫 →
妻 →
　　　　　　26　28　　　　40　　50
　　　　　　結
　　　　　　婚

出所：エイジング総合研究センター編『高齢社会の基礎知識』30～31ページ

図 5.4　家族のライフサイクルの変化

通世帯平均人員数は5人レベルで並行していたが，高度経済成長期以降，世帯数の増加が世帯人員数の増加を大きく上回ったため，急激に低下し1995年の一般世帯平均人員数は2.83に至り世帯規模の縮小化が進んでいる。

　またどのような続柄で暮らしているかという世帯構成の側面からみると，核家族化と単独世帯化が現われている。核家族率は大正9年当時においても55％とすでに過半数を占めていたが，1997年では58.1％，ただしこの伸びについては，実数は3倍近くの増加がありながら単独世帯の急増によってそれほどの増加ポイントとして現われていない。1975年から1997年までの単独世帯率は，18.2％から25％へ6.8ポイント上昇，一方三世代世帯率は5.7ポイント減少している。とりわけ65歳以上の高齢者のいる世帯ではその傾向は顕著で単独世帯は8.6％から17.6％へと9ポイント増，三世代世帯は54.4％から30.2％へと24ポイント減である。ただし核家族世帯のうち未婚の子女と同居している率13.7％を三世代世帯率に合計すると，いわゆる「子どもと同居している高齢者」比率は43.9％となる。アメリカ3.6％，ドイツ4.7％のレベルに比べると，同居率の高さは依然として日本の高齢者世帯の特徴といえよう。一方夫婦のみの世帯については1975年13.1％から1997年26.1％と倍加しており，なかでも「ともに65歳以上」の世帯は6.2％から18％へと3倍の伸びを示している。

　今日，高齢者世帯の約44％を占めるに至った単独世帯と夫婦のみの世帯は，総世帯におけるその伸びよりも急速なスピードで進行しており，とりわけ健康や介護への生活不安は緊急検討課題となる。

　③「家族」意識へのジレンマ

　ライフサイクルおよび家族形態の変化は，必然的に家族機能の変化をもたらす。

　「家」制度がかつて存在していた戦前の日本では，生活機能の大部分が家族内で果たされていたため，高齢者に対する経済的・情緒的・身体的「資源」の援助システムの中心はまさに家族そのものであり，親としての絶対的権威と子の親に対する恭順を軸にした，社会的・倫理的規範としての親孝行イデオロギ

ーによって，老親扶養は強固に支えられ安定していた．本来「家」意識の本質をなす考え方は，祖先崇拝による家系連続にあり家名尊重・祖先祭祀・長男による扶養義務・男子出産・養子取り・男尊女卑・長男単独相続などの考え方はこれより派生したものである．

しかし戦後「家」は制度的に廃止され，工業化にともなう社会的分化が進行するにつれ家族機能の専門機関への移譲も急速に進み，「家族」自体のとらえ方も従来の血縁と婚姻による「集団としての家族」から，個人の主観が判断基準となる「関係としての家族」へと変化がみられるようになった．さらに法律上の扶養義務についていえば，夫婦家族制を理念とする現行民法では配偶者・子に対する扶養義務は「生活保持の義務」とされ，その他の「生活扶助の義務」に含まれる老親扶養よりも優先されている．したがって「老親が子どもに期待しうるのは，子どもが自分や自分の核家族の生活を維持した上で，なお余裕があればその限りにおいて提供される扶養」（袖井［那須監修］1989，262ページ）という曖昧なものとなっている．しかし現実には子どもとの同居率の減少傾向のなか，意識としてはなおも高齢者中心に同居志向が高く維持されているという実態が多く指摘されている．総務庁による「中高年齢層の高齢化問題に対する意識調査」（1998）でも，親や配偶者などの介護について「家族・親族が面倒をみるべき」とする高齢者層の率は中高年齢者より12.7ポイントも高く，中高年・高齢者層ともに家族による介護を優先とするものは80％に達するほど高率であることが意識の現実と報告されている．さらに一般に，高齢者の地域別居住形態データから同居世帯および同居意識は，都市部よりは郡部に高くみられ，いまだ伝統的家族規範が強く残存しているものとみなされているが，郡部でもいわゆる過疎地域（中山間・離島など）では単独世帯・夫婦のみの世帯の増加と「家族」意識の高さとのギャップが，生活上の多くの難問を投げかけているのも事実である．

筆者が1995年広島県安芸郡蒲刈町（1994年現在人口3291名，世帯数1322世帯，老年人口比率32.8％の島嶼地域）で実施した高齢者に対する悉皆調査結果を紹介したい．同別居意識では，「夫婦の一方の身体が弱った時又は死亡した時は同

居」という率も含めると，同居志向は57.5％と過半数を占める。「元気なうちは別居，のち同居」形態の志向率は，「初めから同居」よりも高率であるが，この場合それまでの長期にわたる単身あるいは夫婦のみの世帯が安心して自立した生活が可能となる支援対策が整備されていなければならない。さらに公的福祉サービスを利用することに抵抗感などを感じるかについては過半数が肯定（「非常に感じる」15％，「多少感じる」43％）しており，「感じない」18％と開きがみられた。その理由として「身内で世話をするのが当然だから」「公的な機関に頼むのは甘えすぎだから」が上位にあがっている。しかし「高齢者の介護は家族でなければ親不孝と思われる」とか「世間体が悪い」といった「家族」意識への固執，封建的価値観の強さはじつは，地域のなかで真に公的サービスを必要としている高齢者がなかなか積極的に利用しがたい環境をつくりだしてしまう恐れがある。各種サービスも住民が使ってこそのサービスであり，地域住民が積極的に「利用したい」「頼む」と声を出して言い合える環境づくりも

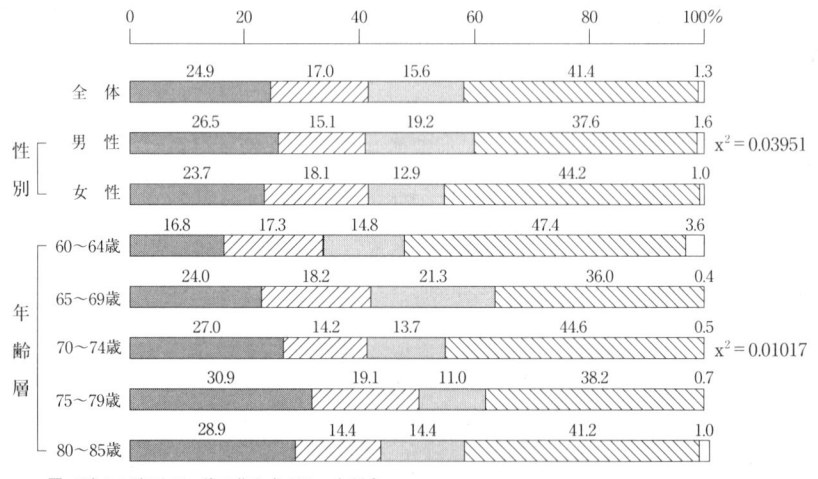

	できれば親子が一緒に住む方がよいと思う	元気なうちは別居でよいが夫婦の一方でも身体が弱くなったらできれば一緒に住みたい	元気なうちは別居でよいが夫婦の一方が死亡したらできれば一緒に住みたい	子供には子供の生活があるから同居できる状態であっても別居の方がよい	その他	
全体	24.9	17.0	15.6	41.4	1.3	
性別 男性	26.5	15.1	19.2	37.6	1.6	$x^2 = 0.03951$
性別 女性	23.7	18.1	12.9	44.2	1.0	
年齢層 60〜64歳	16.8	17.3	14.8	47.4	3.6	
年齢層 65〜69歳	24.0	18.2	21.3	36.0	0.4	
年齢層 70〜74歳	27.0	14.2	13.7	44.6	0.5	$x^2 = 0.01017$
年齢層 75〜79歳	30.9	19.1	11.0	38.2	0.7	
年齢層 80〜85歳	28.9	14.4	14.4	41.2	1.0	

出所：比治山女子短期大学生活経営学研究室編『高齢者の福祉観に関する調査研究報告書』26ページ

図5.5 同別居意識

重要課題である。

　また子どもに期待する援助（経済的・情緒的・身体的）項目からは，高齢者の多くが身体的介護援助や情緒的援助は強く期待しながらも，経済的援助は期待しないという意識をもっていることが明らかである。病気時の看（介）護が最も高く60〜75％，頻繁な連絡への期待も高く60％，家を継ぐ（墓を守る，家名継承）も60％近い。一方経済的援助は，夫婦のみの世帯で90％以上，単身世帯でも75％が必要なしとしている。老後の生活費は自力で準備し社会保障によって補完していくということであろう。従来当然とされてきた家族への「全面的依存」が「部分的依存」へとシフト化しているのである。

　しかしこれまで述べてきたように核家族，単独世帯の増加は，まさに家族のもつ老親扶養能力（＝家庭の看護力）の低下を意味するものであり，今後高齢者をとりまく環境を家族的紐帯に限定せず，「互助」サポートの供給主体としての友人・同僚・近隣・ボランティアなどの地域連帯のネットワークによって，家族介護機能を補完・代替しうる方途の確立が望まれる。そのためには高齢者自らの意識改革をはじめ，積極的な社会参加による仲間づくり，交流機会づくり，さらには社会においては「集団（家族）の中の個人」から「社会資源としての高齢者」といったとらえ方への発想転換が不可欠である。

(2)　地域と高齢社会

① 　高齢化の地域的差異

　「家族」のみならず「地域社会」をめぐる環境も，高度経済成長期を境に大きな変貌を遂げてきた。高度生産技術革新および生産量の増大といった「工業化」による第一次産業から第二・三次産業への産業構造の移行は，産業形態の多様化，地方圏から都市圏への，とりわけ若年層を中心とした大規模な人口一極集中をもたらし，結果として過疎・過密地域の人口高齢化の格差を拡大させ，核家族化・小規模世帯化の進行や生活環境の条件格差に広範に影響を及ぼした。

　老年人口比率のレベル別市町村数をみると，1995年現在では19％以下市町村は46.5％，20〜24％が31.1％を占めており，50％以上はいまだ存在していない。しかし今後いずれの市町村も確実に高齢化し，老年人口比率の全国平均

値が27.4％と推計される2025年になると，19％以下は5.6％と40.9ポイント減少し，50％以上は136地域（4.2％）の状況になるものとみられている。

さらに「65歳以上の高齢者のいる世帯」のなかで，「単独世帯」「夫婦のみの世帯」「夫婦（又は片親）と未婚の子女のみの世帯」を合計した割合である「老人核家族的世帯率」と老年人口比率との相関図からは，47都道府県は，①鹿児島・高知型（老年人口比率・老人核家族的世帯率ともに高），②東京・大阪型

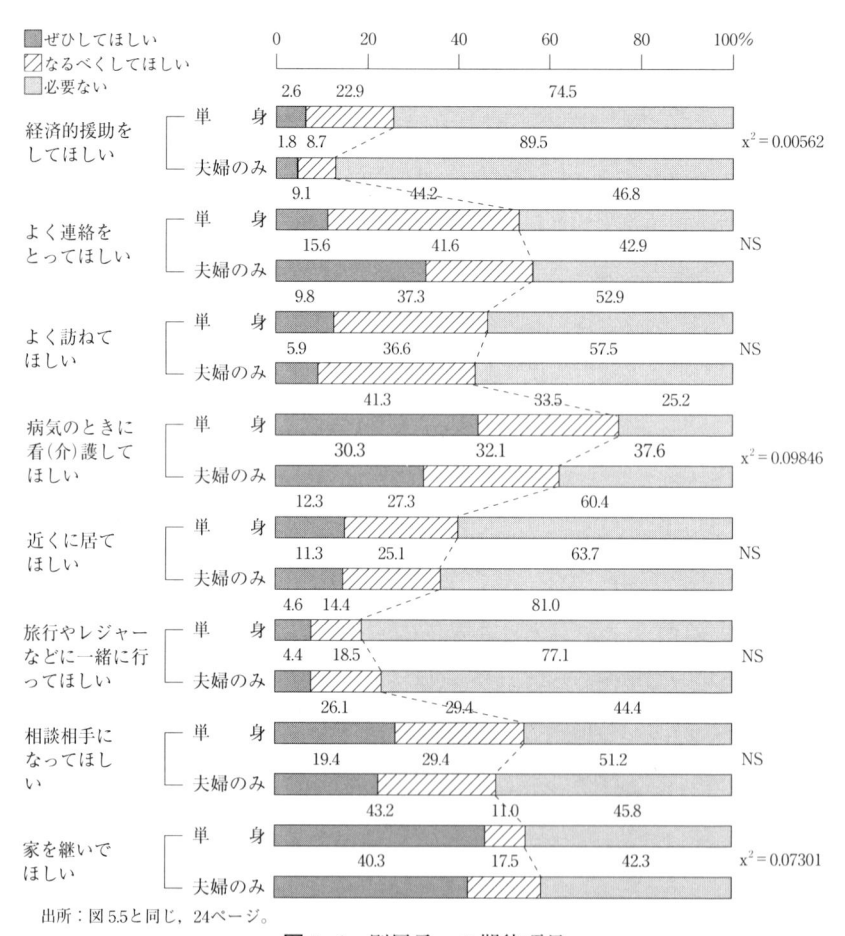

凡例：■ぜひしてほしい ／／なるべくしてほしい □必要ない

経済的援助をしてほしい
- 単身: 2.6 / 22.9 / 74.5
- 夫婦のみ: 1.8 / 8.7 / 89.5　$x^2 = 0.00562$

よく連絡をとってほしい
- 単身: 9.1 / 44.2 / 46.8
- 夫婦のみ: 15.6 / 41.6 / 42.9　NS

よく訪ねてほしい
- 単身: 9.8 / 37.3 / 52.9
- 夫婦のみ: 5.9 / 36.6 / 57.5　NS

病気のときに看（介）護してほしい
- 単身: 41.3 / 33.5 / 25.2
- 夫婦のみ: 30.3 / 32.1 / 37.6　$x^2 = 0.09846$

近くに居てほしい
- 単身: 12.3 / 27.3 / 60.4
- 夫婦のみ: 11.3 / 25.1 / 63.7　NS

旅行やレジャーなどに一緒に行ってほしい
- 単身: 4.6 / 14.4 / 81.0
- 夫婦のみ: 4.4 / 18.5 / 77.1　NS

相談相手になってほしい
- 単身: 26.1 / 29.4 / 44.4
- 夫婦のみ: 19.4 / 29.4 / 51.2　NS

家を継いでほしい
- 単身: 43.2 / 11.0 / 45.8
- 夫婦のみ: 40.3 / 17.5 / 42.3　$x^2 = 0.07301$

出所：図5.5と同じ，24ページ。

図5.6 別居子への期待項目

(老年人口比率低・老人核家族的世帯率高),③山形・富山型(老年人口比率高・老人核家族的世帯率低),④宮城・茨城型(老年人口比率・老人核家族的世帯率ともに低)の四類型に分類されるという(嵯峨座 1997,96～98ページ)。とりわけ過疎地域における高齢者の単独世帯,夫婦のみの世帯の生活支援の問題は「鹿児島・高知型」に属する県に多い。これは隠居制をともなう核家族が比較的多い「西南型」地方と,直系三世代家族が多い「東北型」地方との,伝統的文化形態から生じるものと分析されている(三浦編 1999,45ページ)。加えて老年人口比率の市町村別上位10位までにランクされているすべてが,過疎地域に指定されている中山間地域と島嶼地域である。

さて過疎地域の高齢化状況について付記しておく必要があろう。1995年現

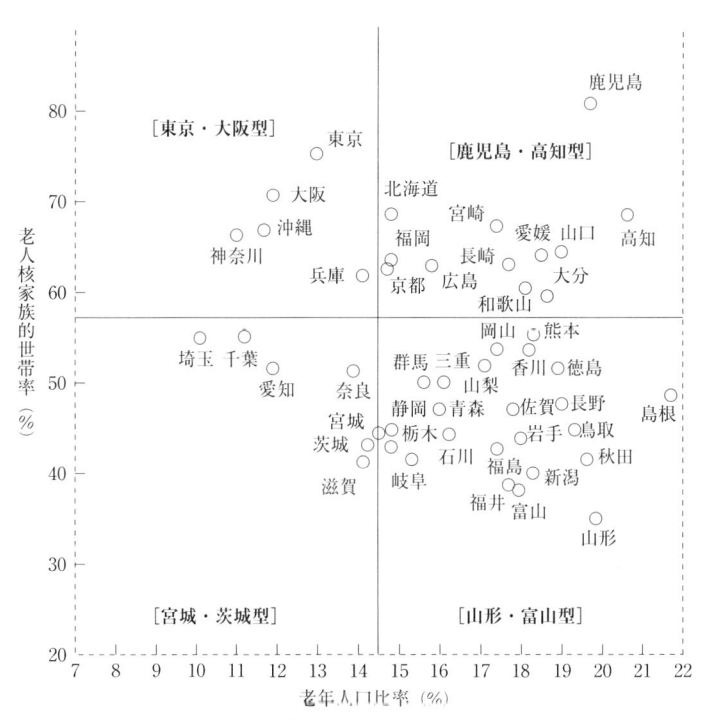

出所:総務庁統計局「国勢調査報告」より作成(嵯峨座『人口高齢化と高齢者』98ページ)。

図5.7 老年人口比率と老人核家族的世帯率の地域差(1995年)

在で，過疎地域指定市町村数は全国の36.3％，人口では6％，面積では48.5％である。1960（昭和35）年から1995年までの年齢階層別人口推移をみると，年少人口数は74.7％減，35.8％から15.6％へと20.2ポイント減，生産年齢人口数39.6％減と大幅な変化に対し，老年人口数は111.5％増，6.9％から25％へ18.1ポイント増と驚異的伸びを示している。全国比の14.5％とは10.5ポイントの差があり，1960年からの差が明らかに拡大しつつあり過疎地域の高齢化のスピードの速さが伺えよう。2015年の全国比が，1995年の過疎地域における比率とほぼ等しく，過疎地域は全国に20年先行する高齢社会と推測されている。

このような地域の抱える生活問題は，地域経済の衰退をはじめ地域社会の基礎的条件である防災・福祉・教育の崩壊，後継者・嫁不足，アクセシビリティの悪さ（利便性の低下）さらにはこれらのハンディキャップ要因をもつ環境から派生する健康・看護・介護に対する悩みや不安の増大といった，人びとの実存にかかわる問題としてとらえなければならない問題が多い。無医地区（医療機関のない地域で，当該地区の中心的な場所を起点として，おおむね半径4kmの区域内に50人以上が居住している地域であって，かつ容易に医療機関を利用することができない地区）は年々大幅に減少しつつも，全国における減少率がそれを上回るため，全国無医地区に占める過疎地域無医地区の比率は増加しており，72.7％ときわめて高率となっている。

市町村からあがる高齢化の問題点としては，「農林水産業従事者の減少」「市町村財政への負担」「地域社会の活力低下」が上位であり，老年人口比30％以上市町村では「集落機能の衰退・消滅」を2位に上げている。全国一律ではなく，それぞれの地域特性を十分把握し，その現状に即した施策展開が必要である。

② **地域福祉への関心の高まり**

「地域福祉」という用語は，地域社会と社会福祉を結合したものである。その固有領域が社会的要請によって成立するのは高度経済成長期以降である。つまりそれ以降の「家族」「地域社会」をめぐる環境変化こそがその契機となったのである。

第5章 生活環境としての高齢社会 113

表 5.1 高齢者比率別にみた高齢化の問題点（複数回答：3）

問題点	高齢者比率					計
	～20% 79市町村	20%～25% 448市町村	25%～30% 437市町村	30%～35% 171市町村	35%～ 73市町村	1,208市町村
ⅰ）農林水産業従事者の減少	① 38 48.1%	① 248 55.4%	① 243 55.6%	① 107 62.6%	① 35 47.9%	① 671 55.5%
ⅱ）耕作放棄地の増大	5 6.3%	⑤ 98 21.9%	④ 121 27.7%	④ 48 28.1%	④ 28 38.4%	⑤ 300 24.8%
ⅲ）森林管理の粗放化	2 2.5%	35 7.8%	⑨ 54 12.4%	⑦ 24 14.0%	7 9.6%	⑩ 122 10.1%
ⅳ）集落機能の衰退・消滅	6 7.6%	⑥ 72 16.1%	⑥ 99 22.7%	③ 56 32.7%	② 34 46.6%	⑥ 267 22.1%
ⅴ）地域社会の活力の低下	④ 22 27.8%	④ 124 27.7%	③ 143 32.7%	② 68 39.8%	③ 31 42.5%	③ 388 32.1%
ⅵ）地域産業の衰退	7 8.9%	⑧ 54 12.1%	42 9.6%	15 8.8%	⑥ 10 13.7%	⑨ 128 10.6%
ⅶ）保健・医療・福祉施設の不足	③ 26 32.9%	③ 136 30.4%	⑤ 111 25.4%	⑥ 34 19.9%	⑦ 9 12.3%	④ 316 26.2%
ⅷ）保健・医療・福祉の担い手不足	⑥ 17 21.5%	⑨ 53 11.8%	⑦ 62 14.2%	⑧ 22 12.9%	6 8.2%	160 13.2%
ⅸ）在宅ケアサービスの不足	⑤ 19 24.1%	⑦ 70 15.6%	57 13.0%	15 8.8%	3 4.1%	⑦ 164 13.6%
ⅹ）市町村財政への負担増	② 35 44.3%	② 204 45.5%	② 176 40.3%	40 23.4%	⑤ 21 28.8%	② 476 39.4%
ⅺ）地域伝統文化の衰退・消滅	1 1.3%	16 3.6%	15 3.4%	3 1.8%	4 5.5%	⑪ 39 3.2%
ⅻ）その他	1 1.3%	5 1.1%	3 0.7%	4 2.3%	2 2.7%	15 1.2%
無回答	4 5.1%	8 1.8%	6 1.4%	3 1.8%	3 4.1%	24 2.0%

備考）　表中の○の番号は順位を表わす。
出所：過疎地域活性化対策研究会編『過疎対策の現況』（1998年度版）115ページ

　従来，生産と消費の場の一致により自己完結的共同体としての包括機能をもちえた「家族」「地域社会」それぞれの強力な結合関係は崩壊していった。農作業の機械化・合理化は家庭内余剰労働力の雇用化を推進させ，それによる稼得能力（とくに若年夫婦世代の）の上昇は家族協業経営組織の統合関係を，世代間分離・独立化傾向へと転化させる。さらに職業的・人口の移動による核家族への移行により老親扶養機能は弱体化した。地域社会においても，狭い地域的

空間と自足性の高い生活様式によって育まれた生活意識の統合性・凝集性は資本主義の生産様式・倫理による競争意識の発達へ，さらに住民相互扶助（冠婚葬祭の共同，金銭の貸借，労働力の交換など）システムは，混住社会形成による地域の異質化・匿名化・広域化・個別化などにより崩壊するに至っている。

今日，地域における福祉ニーズの内容は多様に噴出しており，従来の生活困窮者・障害者などに対する社会的弱者救済的「特別なもの」から，一般住民の生活環境を守る安全網としての「普遍的なもの」に拡大，かつ「モノからココロ」優先の生活・福祉観への移行も定着しつつある。また地域住民自らによる生活環境の課題解決に向けてネットワーク活動やコミュニティ構想も提起されはじめている。このことが，まさに日本の今後の少子・高齢化社会における社会福祉対策は，地域住民の生活の場を基盤とした地域福祉を基調として勧められていくことが重要とされるようになる大きな要因である。

井岡（小倉他編 1996，420ページ）は地域福祉を「一定の地域社会で住民が担う社会問題としての生活障害問題に対応して，住民主体の視点からその軽減・除去・予防をはかり，住民の生活・福祉権を保障・拡充しようとする社会的方策・手段の総体である」と定義しており，「地域」「住民主体」「共同」が地域福祉のめざす地域社会の基礎標語であることが伺える。そのためには住民

(山口県東和町役場資料，1998年3月末)

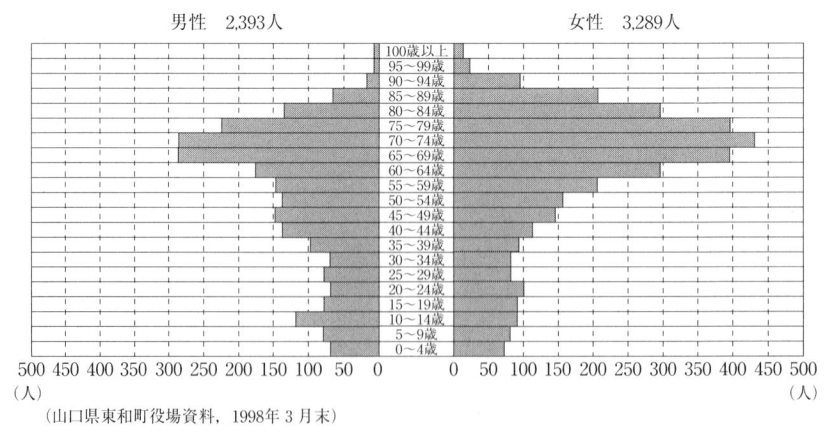

図 5.8 東和町における年齢別人口ピラミッド

による自主性・自己責任の原則への認識は不可欠であり，個人的解決では限界のある生活問題（ニーズ）を社会問題として組織化・運動化して協働的にその解決を図るという自覚形成および生活環境への認識力・解決力が求められよう。とりわけ先に述べた過疎・高齢化地域ではまさに地域社会において高齢者住民をマンパワーとして参加（参画）させる，住民・諸機関・行政との連携システムを構築させることが課題である。

　山口県大島郡東和町（周防大島四町の一町）は，1980年（当時老年人口比率31.5％）以来「日本一高齢化の町」を続け，高齢社会の先進モデルとして注目されている。1997年には，東和町を題材とした佐野眞一の『大往生の島』がベストセラーになっている。1999年現在，東和町の人口は5570人，世帯数2832戸，老年人口比率49.5％であり全国比率の3倍に達し，2人に1人が65歳以上という状況にある。人口ピラミッドが逆ピラミッドになる典型地域である。1955（昭和30）年東和町誕生当時の老年人口比率12.4％（全国5.32％）からみると，人口67.5％減，老年人口比率37.1ポイント増である。15〜24歳層の就学・就職のための流出超過が著しく，ますます高齢化に拍車をかけた。50歳代後半，60歳代では流入超過がみられるが，近年単独世帯と夫婦のみの世帯で80％に達するなか，以下にみられるような，高齢者の生活を支援すべくユニークな活動が多く展開されている。

a　ゆうあい（友愛，あなたとわたし）サービス

「福祉の輪づくり運動」の一環として1987年から開始され，社会福祉協議会が運営主体の民間参加型有償ボランティアサービスである。簡単な家事のサービス利用料は1時間500円，介護や動力機使用のサービスは800円で，食事の世話，衣類の洗たく・修繕，清掃，通院などの外出介助，買物，看護，話し相手などのサービスを要する利用会員が，協力会員に依頼する。この協力会員のほとんどが利用会員と同じ高齢者ときく。それぞれ70名近い会員数で展開している。

b　高齢者毎日給食サービス

1990年から，社会福祉協議会から業務委託された地元民宿が実施している。

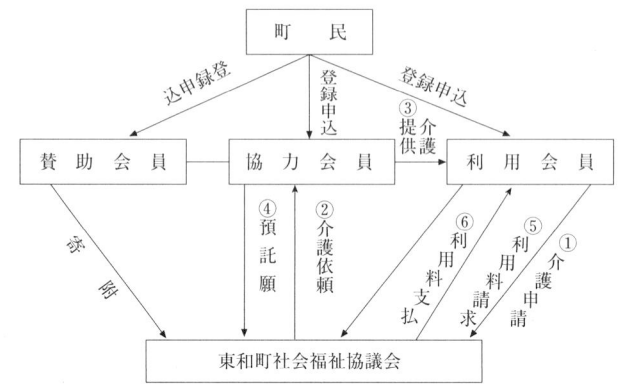

```
                        町　民
           ↙           ↓           ↘
        登録申込      登録申込     登録申込
                              ③紹介
                              提供
     ┌────────┐  ┌────────┐  ┌────────┐
     │賛助会員│──│協力会員│  │利用会員│
     └────────┘  └────────┘  └────────┘
         │       ④│ ②│    ⑥│ ⑤│ ①│
         │       預│ 介│    利│ 利│ 介
         寄       託│ 護│    用│ 用│ 護
         附       願│ 依│    料│ 料│ 申
                     │ 頼│    支│ 請│ 請
                     │   │    払│ 求│
         ↓       ↓   ↓    ↓   ↓   ↓
              ┌────────────────────┐
              │  東和町社会福祉協議会  │
              └────────────────────┘
```

出所：東和町編『東和町老人保健福祉計画』山口県東和町

図5.9　ゆうあいサービスのシステム

国の補助事業となってからは300円で利用でき，とくに単独世帯・寝たきりの高齢者約100名を対象にしている。しかしこの人数は東和町在住の当該高齢者のわずか10％にすぎず，高まる需要にどう対応するか課題である。民宿従業員数名により早朝調理され，宅配ボランティア12名によって配達される。民宿従業員，配達ボランティアともに80歳を超える高齢者もおり，地元高齢者のマンパワーで福祉活動の効果的活用を図っている。

c　見回りネットワーク運動（声かけ運動）

主に単独世帯高齢者を対象に近隣住民・民生委員・ボランティア・福祉関係者（ヘルパー・福祉員）の交替制による毎日の見回り援助体制である。

d　その他

大島郡痴呆性老人を支える家の会，小地区福祉会など。

「生涯現役」「若者がいないから高齢者が町の主役，いつまでもいろいろ仕事があることが元気の源」などの声は，この島の多くの高齢者から聞くことができる。東和町における65歳以上の就業者率，全国23.6％に対し41.8％（1995年，国勢調査）という倍近い値がそれを裏づけている。また年間1人当たり医療費は山口県下で最低クラスという。高齢者サポート活動も高齢者によって展開されており，無病でなくとも精神的には気力のある健康な高齢者が，その供給主体としてネットワークを図り，ひとりひとりの活力を社会を支える活力「社会

的資源」として活かしている事例に学ぶべき点は多い。2000年3月東和町の老年人口比率は50.2％と過半数に達した。しかし同時期，介護保険認定が出された4分の1が「自立」であったという。

地域の相互扶助システム形成を目的とした取り組みはその他いろいろなかたちで実施されている。鳥取県智頭町（老年人口比率27.3％：1999），町面積の93％を山林が占める過疎・高齢化の進む中山間地域）の「ひまわりシステム」は1995年から，自前の交通手段をもたない高齢者を対象に，地域をくまなく回る郵便局の配達システムを活用し，日用品の買物や薬の配達をしている。ほとんど毎日の郵便局員による「声かけ」により，高齢者とのコミュニケーションは確実に形成されつつあるという。

また愛媛県岡村島（老年人口比率39.5％：1995）では地域通貨（エコマネーとも称され，ここではチップと呼ばれる擬似通貨）を使用し，奉仕時間30分を1枚と換算しサービスを交換し合う，グループ「だんだん」を1995年から開始した。高齢者によるサービスはモーニングコールや子守り，旅行中の墓守り，ペットの世話，一方高齢者に対しては病院や畑までの送迎，運搬作業が多いという。ボランティア利用者とサービス提供者とを分けずに，互いの能力と時間を交換し合う「双方性」を重視した点に特色がある。この方法により先に述べた（2節1）高齢者の抱きやすい「してもらう」ことへの精神的負担軽減を目的にしている。

(3) 職場と高齢社会

① 高齢者就労状況とシルバー人材センターへの期待

高齢社会における「労働力」の問題は，高齢者自身がその長年蓄積してきた経験・知識・知恵・感性といった能力を活用し，社会の重要な担い手として「働く」ことができるための環境整備という面と，高齢者を抱えた介護者が就業を継続しながら，あるいは安心して積極的に介護休業を取り，職場復帰できるための環境整備という二面の観点から検討しなければならない。

まず労働力人口総数に占める60歳以上の比率は，1980年9.3％と比べると増加傾向にあり，1998年13.6％，2010年には20.3％，つまり労働者の5人に1人

が60歳以上と推計されている。一方で15～29歳の若年層と30～59歳の中年層の比率はいずれも1998年から2010年までにそれぞれ6.2ポイント減，0.5ポイント減と低下傾向にある。各年齢階層ごとの労働率についても，1980から2010年までの推移は60～64歳で55.9％から62.6％へ，65歳以上は26.3％から27.2％へと上昇するものとされ，労働力の中高年化傾向は明らかであろう。「普通，収入の伴う仕事から離れるのは何歳ぐらいがよいか」といった就業意向についての総務庁による国際比較をみても，日本の場合とりわけ男性では，退職年齢を65歳ぐらいとする率が42.8％，70歳ぐらいが28.9％と，65～70歳とする比率は70％を超える。70歳とする率のアメリカ12.8％，ドイツ2.1％（ともに男性）に比較し日本・韓国ではきわめて高いとされている。65歳以上労働力を比べても（1995），日本（男性）の41.9％に対しアメリカ14.2％，ドイツ4.1％というようにアジア諸国と西欧諸国には大きな差がみられる。

　今日では産業構造・所得水準からは差がないにもかかわらず，高齢者労働力率に差が大きくみられるのは，勤労観の相違と同時に日本高齢者の就業状態の特徴として雇用者比率が低いこと，つまり自営業主，家族従業者としての就業比率が相対的に大きいことが要因と指摘されている（エイジング総合研究センター　1999, 39～40ページ）。1994年高齢者雇用安定法改正（1998年施行）により60歳以上定年制については義務化され，65歳に達するまでの継続雇用制度の導入促進が勧められている。

　しかし，労働省の1998年「雇用管理調査」によれば，1998年において93％の企業には60歳以上定年制が普及しているものの，うち60歳定年が86.7％を占め，65歳までの勤務延長ならびに再雇用制度を有する企業は56％，さらに希望者全員が65歳まで雇用される企業は20.3％と低水準であるのが現状である。高齢者の安定した雇用機会確保に向けての雇用就業対策の推進が望まれるところである。1997年に労働省が発表した「65歳現役社会」の政策ビジョンのなかには，65歳現役社会の必要性として，現役世代と引退世代のバランスを考えての労働政策上重要課題，65歳年金支給開始システムと60歳定年雇用システムとの空白が生じる不整合性などをあげている。ただし，少なくとも

65歳までは現役としてフルタイムとして働くことを原則としながらも，高齢期は健康・資産状況などの個人差も大きく，その就業希望に応じた多様な形態による雇用・就業機会の確保を考慮し，とりわけシルバー人材センターなどによる就業メニューの充実，非雇用形態，短期時間就業形態などについて検討すべきであるとしている（三浦編 1999，84～85ページ）。

シルバー人材センターは，高齢者に対して地域社会の日常生活に密着した臨時的かつ短期的就業機会の提供拠点として，1980年から国庫補助により普及が図られた，60歳以上の健康で働く意欲のある高齢者を会員とする公益法人である。当初の92団体（4万6488人）から比べると，1998年では796団体（47万5681人）と大幅に増加している。

全国でも先駆けて1981年に設立した広島市シルバー人材センターの実績によると，1999年現在会員数4078人，平均年齢69.3歳（最高年齢93歳）であり，受注件数は1982年942件に対し9318件（1998年）と10倍近い伸びを示している。配分金（報酬）は職種別で1時間あたり630円から1050円まで設定されており，月平均就業日数は男性で13～15日19.8％，16～20日19.4％，21日以上19.4％で，女性で21日以上23.0％，13～15日16.9％，16～20日15.1％となる。

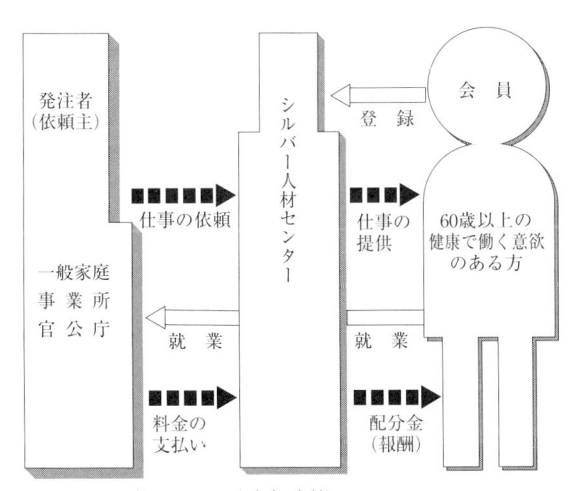

（シルバー人材センター：広島市 資料）

図 5.10　シルバー人材センターのしくみ

希望・実績ともに「屋内外の一般作業」（ビル・マンション清掃，公園清掃，除草・草取りなど）が最も多く，ついで希望では「管理分野」（駐車・駐輪場・ビル・マンション管理など），実績では「技能を必要とする分野」（大工・剪定など）が続く。女性パートの進出により「事務分野」は希望に比べ受注件数は低いが，「サービス分野」（家事援助・老人介護・老人の話し相手・通院介助など）は女性の

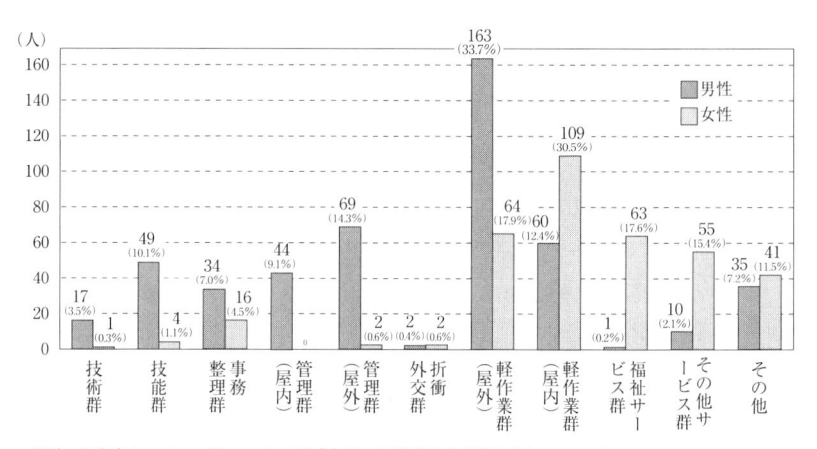

出所：広島市シルバー人材センター編『会員の生活意識調査報告書』17ページ

図 5.11　シルバー人材センターの受注内容

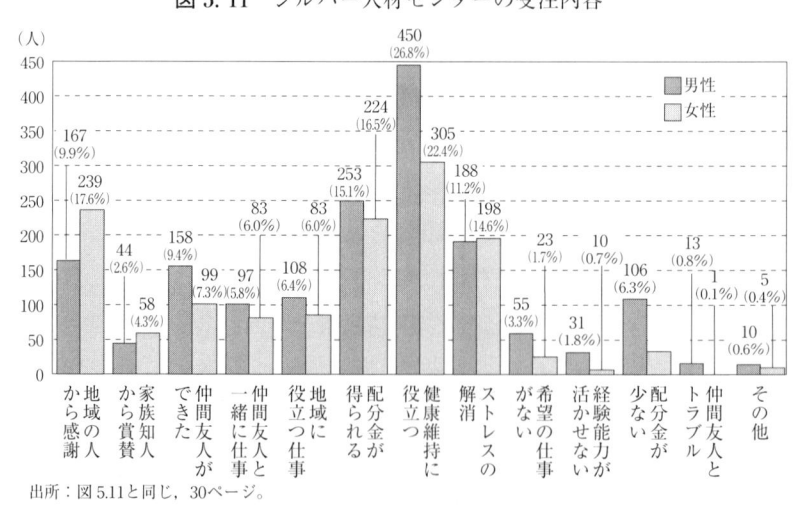

出所：図5.11と同じ，30ページ。

図 5.12　シルバー人材センターの仕事について感じたこと

受注件数としては全国でトップという。

　事業推進に向けた取組みとして市広報紙・シルバーだより・マスコミ取材などによるPRをはじめ，各種イベントへの参加，会員の口コミ活動により，会員および受注者の開拓を図っている。会員の入会動機は「健康のため（生きがいの充実を含め）」と「収入が得たい」の順ではあるが，昨今の経済不況を反映して収入目的が増加した。しかしとりわけ福祉サービスにかかわる仕事は，被介護者にとっては同世代を共有している「仲間」意識が生まれることで精神的満足度を与えることができると好評とのことである。欧米人に対して日本の高齢者の特性として，交友範囲が狭く，同性の友人のみに偏っている点はよく指摘されるところである。人的ネットワークを拡大させるうえでも，さらに高齢化する地域の福祉力を住民自らが向上させ，課題解決していくうえでもセンターの果たす役割はますます重要性を増し期待されよう。

② 介護休業制度導入とジェンダー視点

　急速な寝たきり・痴呆性高齢者の増加ならびに介護期間の長期化傾向にありながら，その一方で1(2) 家族の項でも触れたように，核家族化，少子化（きょうだい数減少により分担者減），扶養価値観の変化により，家族の扶養機能低下が避けられない現状において，高齢者（老親）を誰が，どのように介護するかはきわめて深刻かつ困難な問題である。

　寝たきり・痴呆性・虚弱高齢者数の合計は，2000年から比べ2025年には2.6倍，とりわけ痴呆性高齢者数は4倍と推計されている。この要介護高齢者の急増は，また介護者人口の増加を意味する。従来から介護負担が要介護者の家族，とりわけ女性に集中するという性別偏差が特徴として指摘されることは多い。1995年厚生省による調査結果では，介護者は妻31.6%，長男の嫁27.6%，長女15.5%，この三者で75%に至っている。老後は誰に面倒を看てもらいたいかでもおおむねこの三者によって占められるデータがほとんどである。

　女性の社会進出の増加や男女参画の価値観が時代的要請として受け入れられている一方で，介護＝家事領域＝女性という認識がいかに根強いかである。しかし厚生省「国民生活基礎調査」(1995) では，65歳以上の寝たきり者の寝た

きり期間は3年以上とする率が48.9％を占めるなど，先の見えない仕事を1人で負担しなければならないという孤独感・不安感・閉塞感・不満感などの精神的ストレスや，重労働からくる身体的負担，経済的負担（仕事の中断による収入減など）も加わって，今や要介護高齢者のみならず，介護者サポートに関する施策や配慮は必要不可欠なものとして位置づけられよう。厚生省調査では，介護者の悩みとして「ストレスや精神的負担が大きい」が過半数を超え「充分睡眠が取れない」「家を留守にできない」と続いている。

　1999年に，改正男女雇用機会均等法，改正労働基準法，と並んで労働者の深夜業を制限する育児・介護休業法の一部改正が施行され，全事業所にその導入が義務づけられた。本格的な少子・高齢社会では，女性労働の有効活用は重要課題である。総理府「女性の就業に関する世論調査」（1989）でも，女性が働き続けるための障害として「老人や病人の世話」は第一位の「育児」と並んで，他の要因から群を抜いて高く過半数に達している。

　広島県商工労働部が1999年に県内中小企業男女4000人を対象にした調査結果をみると，いまだ制度規定をもたない事業所は42％を占め，従業員の周知状況は男女ともに「内容も含めて知っている」は25％にとどまり，「内容は知らないが聞いたことはある」が過半数を占め，「知らない」は20％前後の状況にある。この数値は育児休業法を「知らない」とする率（男性9.2％，女性5.0％）から比べるときわめて高率であり，育児休業法制度よりその取組みの遅れを示唆している。しかしこれまでの利用率は5.1％と低いながらも，もし必要になったら「利用したい」とする率は男女とも70％を超えて高率である。「利用しない」理由として，女性では「上司・同僚への気兼ね」「制度未整備」，男性では「介護をしてくれる人がいる」「収入が減る」を上位にあげており，大きく異なる。事業主側からすれば，他の労働者の負担が増えたり，代替要因の配置が難しいなどの課題はあるが，総理府「男女共同参画2000年プラン」のなかには，「代替要員に関わる労働者派遣事業の特例制度の適正な運営」「主要な公共職業安定所に設置される特例相談窓口の機能の充実」を図ることが対策として盛込まれており，奨励金や経済的援助，情報提供支援についても検討

第5章 生活環境としての高齢社会　123

を要すものとしている。

2000年導入の介護保険制度は社会的共同連帯の理念のもと「家族介護から社会的介護へ」の転換をその特徴として掲げているが，「在宅介護」に重点をおいていることは，家庭での介護者を前提とするものである。性役割の固定化による不平等といったジェンダー差別をできうるかぎり払拭し，性別にかかわらず職業生活と家庭生活との両立を図る環境整備が，公的サービスや社会資源の活用と合わせ勧められていかなければならない。

3　介護保険制度がめざす「共同連帯・自立」社会の実現へ

『厚生白書』（2000年版）では日本の高齢者保健福祉の変遷を，生活環境の変化に照らし「救貧的施策から普遍化・一般化へ」というタイトルで表現している。低所得者を保護する救貧施策から，寝たきり・痴呆性・虚弱高齢者の急増と家族制度の変化等により，加齢にともなう普遍的・一般的介護ニーズを制度

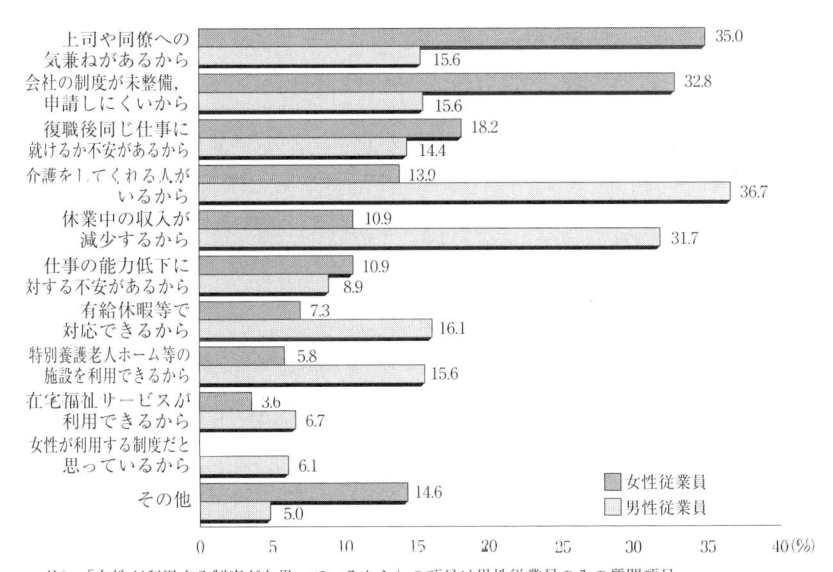

介護休業法を利用しない理由	女性従業員	男性従業員
上司や同僚への気兼ねがあるから	35.0	15.6
会社の制度が未整備，申請しにくいから	32.8	15.6
復職後同じ仕事に就けるか不安があるから	18.2	14.4
介護をしてくれる人がいるから	13.9	36.7
休業中の収入が減少するから	10.9	31.7
仕事の能力低下に対する不安があるから	10.9	8.9
有給休暇等で対応できるから	7.3	16.1
特別養護老人ホーム等の施設を利用できるから	5.8	15.6
在宅福祉サービスが利用できるから	3.6	6.7
女性が利用する制度だと思っているから		6.1
その他	14.6	5.0

注）「女性が利用する制度だと思っているから」の項目は男性従業員のみの質問項目。
出所：広島県商工労働部編『男女がともに働きやすい職場環境をめざして』160ページ

図 5.13　介護休業法を利用しない理由（複数回答）

の対象として位置づける必要性が顕在化してきたことを受けての，これまでの高齢者福祉行政の流れを意味するものである。

1963（昭和38）年制定の老人福祉法により，経済状況が入所規定に含まれない特別養護老人ホームが登場するなど，以降1970年代まで要介護高齢者を養護する施策は福祉施設整備を重点に進められてきた。しかし一方で，1973年からの老人医療費無料化により，老人医療費は著しく増加し各医療保険財政を圧迫してきたうえに，要介護高齢者による「社会的入院」（家庭・福祉施設に受け皿なし，あるいは福祉施設との費用負担費格差により入院を選択）が問題視されてきた。

1980年代に入り，住み慣れた地域での生活を支援するという観点から在宅福祉への重要認識が高まり，1989年策定の「高齢者保健福祉十ヶ年戦略」（ゴールドプラン）のなかでは在宅福祉対策の緊急整備にとりわけ重点がおかれ，ホームヘルパー・デイサービス・ショートステイなどの在宅サービス拡充が最大のねらいとされた。併せて，都道府県および全市町村に老人保健福祉計画の作成が義務づけされ，市町村主体の地方分権型介護保険制度への流れがこの頃形成したとされている。

さらに1990年の在宅介護支援センターの創設も，利用者のニーズに応じたサービス提供をソーシャルワーカーなどの専門家や関係機関で調整できる体制づくりは，介護保険制度のケアマネジメントの土台になっている。翌年には老人訪問看護制度が創設され，在宅医療の推進と在宅支援センターと連携した保健・医療・福祉にわたる総合的ケアの確立が目指された。社会保険料を主たる財源とする介護保険制度創設が，国として初めて打ち出されたのは，1994年の社会保障制度審議会「社会保障将来像委員会第二次報告」においてであって，1997年介護保険法制定，2000年の施行に至っている。

介護保険法には，その目的として「要介護状態となり介護・機能訓練・医療を要する者等に対して，その能力に応じて自立した日常生活を営むことができるよう必要なサービスを提供する。そのため国民の共同連帯の理念に基づき介護保険制度を設け，国民の保健医療の向上及び福祉の増進を図る」（第1条）

と記されている。その特徴は従来の老人福祉と老人医療の制度再編成により，国民の共同連帯の理念のもとに「家族介護から社会的介護」へ，「措置制度から契約制度方式」への転換，さらに保健・医療・福祉分野の連携により，身近な地域での高齢者の自立支援を促し，高齢者の介護ニーズに普遍的に応えるシステムづくりという点であろう。

したがって共同連帯の理念は40歳以上の全国民を被保険者とし，高齢者自身も制度を支えるという立場を明確に位置づけている点，利用者負担を保険給付の対象費用の1割としている点などに表われている。また自立支援の理念は自立を支える在宅サービス（リハビリテーションや機能訓練への評価が高い）を重点においている点，「要支援」レベルでも要介護状態への発生予防から在宅サービスが提供される点などに表われている。

さらに福祉サービスがこれまでの行政決定による措置制度から，サービスの内容・提供機関の選択は利用者の意向が基本とされ，多様な事業所・施設から総合的かつ効率的に提供されるシステムとなったことで，行政からの恩恵的施策という心理的抵抗感による福祉利用へのマイナスイメージを払拭し，保険料納付に対する当然の権利と意識され適切なサービスを受けることが可能になることは大変望ましく，高齢者の自覚・主体性形成は精神的自立への大きな手がかりともなる。またサービス提供事業者については介護サービス市場の登場により，競争原理が作用し（マイナス効果も指摘されるが），サービス内容の画一化が是正され，市場を通じた供給量の増加と質の向上が期待されている。

しかし施行後半年を経過し，変革期における多くの問題のみならず基本的システムにかかわる戸惑いや相談が現場において噴出し，国・都道府県・市町村レベルでの見直しが始まっている。たとえば，苦情・事故への対応をめぐり厚生省は，2000年度秋から160市町村でモデル事業として「介護相談員派遣事業」を開始する。利用者からサービスの不満を聞いて事業者に改善策を提案するパイプ役を担う。苦情処理などの事後的問題解決とは別に問題提起・提案解決型の取組みである。また利用者に対する介護サービス情報提供をめぐり，厚生省は2000年度から「サービス評価事業」を実施する。

広島県においても県介護サービス評価検討委員会を設置し，サービス事業に参入した事業者のサービス評価基準づくり（自己評価・結果の公開・第三者評価の仕組み）を開始した。結果の公開により，サービス提供者についての情報不足の解消を目的としている。同様の評価システム検討は，北海道・東京都・神奈川・兵庫でも開始されたと聞く。

　さらにホームヘルパーの家事援助が家政婦代わりに使われる不適切なケースが多発しているとして，厚生省は「不適正事例」の具体的表示に乗り出した。また認定の公平・公正性の確保から，その作業の妥当性をチェックするよう厚生省は市町村に，高齢者の心身状況の「抜き打ち調査」を要請している。

　その他，介護にあたる人材の量的確保と質的向上への対策はもちろんのこと，「自立」高齢者の受け皿としての「介護予防・生活支援策」や「高齢者生活福祉センター」の活用，採算性重視から民間参入が見込めない地域と都市部との格差是正の問題もある。離島や中山間地域ではサービス報酬が15％加算されることから，生活保護受給者や市町村民税非課税者の低所得者については自己負担分10％から9％への軽減措置が可能であるが，結果的には都市部との負担格差は生じ，加えてこのような地域では介護サービスの参入が見込めず，「保険あって介護（サービス）なし」の状況への不安が大きい。また現行では介護行為のみが報酬対象となり，声かけ・相談・レクリエーションなどの精神的サポートに対する報酬は示されていないことも課題として残る。

　これらの諸問題の多くは，利用者の立場にたち地域に密着したサービス提供に向けての問題提起である。県の市町村への役割として「介護保険基礎整備事業」（地域での説明会開催に補助金を支給する制度）を設け，積極的なPR活動を促進している。しかし保険者としての市町村の役割は，単なる解説のみであってはならず，住民参画のうえ，地域の特性・実状に応じて地域住民の生活の場を基盤としたどのようなシステムを構築できるかである。

　超高齢社会の到来を間近に迎え，介護保険制度の導入はまさに地域構成員である住民ひとりひとりが「家族」「地域」を見直し，地域のなかで共に高齢者を支える気運を醸成する契機とならなければならない。地方分権社会において

は，地域に生じる多くの生活環境問題解決に向けて住民主体の原則に基づき，参加と共同連帯システムを住民自らの責任により作り上げていくという，住民サイドからのボトムアップが求められる。介護保険制度が地方分権社会の試金石と称される理由がここにある。

高齢者を含めた個人ひとりひとりが社会的関係のなかに生活している主体者としての自立した単位ととらえ，自助・互助・公助の三つが役割分担のうえに，適度なバランスを保ちながらも有機的に組み合わされ，どのように互いを認め合い，力を発揮していけるか，これはわれわれひとりひとりに与えられるべき根本的課題であると認識したい。

引用文献

池田省三（1999）『介護保険は何を変えるか』公人の友社
井上勝也・大川一郎編（2000）『高齢者の「こころ」事典』中央法規出版
エイジング総合研究センター編（1999）『高齢社会の基礎知識』中央法規出版
大渕寛編（1995）『女性のライフサイクルと就業行動』大蔵省印刷局
小倉襄二・小松源助・高島進編（1996）『社会福祉の基礎知識』有斐閣ブックス
介護保険制度調査・研究プロジェクト（1998）『介護保険制度のすべて』富士総合研究所
過疎地域活性化対策研究会編（1999）『過疎対策の現況』(1998年度版) 丸井工文社
厚生省監修（2000）『厚生白書』平成12年度版，大蔵省印刷局
法規研究会編（2000）『続・こうなる新福祉対策』大成出版
国土庁（2000）『過疎地域自立促進特別措置法の概要』国土庁ホームページ
嵯峨座晴夫（1997）『人口高齢化と高齢者』大蔵省印刷局
島田晴雄編（2000）『高齢・少子化社会の家族と経済』NTT出版
総務庁編（1999）『高齢社会白書』平成11年度版，大蔵省印刷局
総務庁長官官房高齢社会対策室編（2000）『数字でみる高齢社会』大蔵省印刷局
総理府男女共同参画室編（1999）『男女共同参画白書』(1999年版) 大蔵省印刷局
総理府男女共同参画室編（1997）『男女共同参画2000年プラン＆ビジョン』大蔵省印刷局
東京都社会福祉協議会編（1999）『介護保険制度とは…』東京都社会福祉協議会
仲村優一監修（1992）『在宅高齢者のライフプラン』有斐閣

那須宗一監修（1989）『老年学事典』ミネルヴァ書房
樋口恵子編（2000）『介護保険で拓く高齢社会』ミネルヴァ書房
比治山女子短期大学生活経営学研究室編（1996）『高齢者の福祉観に関する調査研究報告書』広島県蒲刈町社会福祉協議会委託
広島市シルバー人材センター編（1992）『会員の生活意識調査報告書』
広島市シルバー人材センター編（1999）『シルバー人材センター事業概要』
広島県商工労働部編（1999）『男女がともに働きやすい職場環境をめざして』広島県
三浦文男編（1999）『図説 高齢者白書』全国社会福祉協議会
東和町編（1994）『東和町老人保健福祉計画』山口県東和町
労働省女性局監修（1998）『改正男女雇用機会均等法 労働基準法 育児・介護休業法 決定版』労働基準調査会

第6章　女性労働の変容への視点

1　環境・女性・労働をつなぐ視点

　女性はこれまでずっと働いてきた。しかし，女性はその働きに応じた評価を必ずしも得てこなかった。なぜだろうか。

　日本における「労働の種類と担い手」の関係を時間でみると（総理府編　1997，18～19ページ），女性は男女合わせた全労働時間の52.5％働いているが，「仕事・通勤」に対しては男性が64.9％を占め，女性は「家事・育児・介護等」に90.0％も費やしている。このように男女の労働分担に著しい片寄りがみられるからである。すなわち，男性の労働の中心は経済の担い手としての有償労働にあり，女性の労働は主として生活の場におけるいわゆる消費中心の無償労働にあり，男女で「有償」「無償」のアンバランスで不平等な労働分担になっているからである。この男女の労働分担のありようが「女性労働」の評価にも大いに影を落としてきたのである。

　このような男女の役割に基づく働き方は，もともと人類の存続・発展に適合するように創られ保持されてきたはずであった。しかし，今日そのような労働分担に基づいた経済活動は，結果として地球環境の破壊を来し，生活は脅かされ，人類の存続さえ危ぶまれるところまできているのである。

　この環境破壊を食い止め，克服し，物質的にも精神的にも真に豊かな生活を実現するにはどうすればよいのであろうか。そのためには，私は「物の生産」へのかかわり方を考える基本視点に「生き方」を据え，「生の生産」が内包しているある概念で見直し，新たな「生き方」として統合していく必要があるのではないかと考えてきた。その概念とは「共生」「調和」（デーゲン　1995，207～239ページ）および「配慮」（宮川・宮本　1986，32ページ）「ケア」「協働」であり，生き方とは環境との「共生」「調和」の方法を，生活を統合する概念と

しての「配慮」「ケア」「協働」により探ることで，人の個性を最大限に伸長・拡大し，それに基づく心の充実を得ることである（花崎 1996, 110〜111ページ）。もちろん，何をもって心の充実とするかはその人自身により常に問い返されなければならないし，「人は基本的に，どのような生き方を選択し，どのように生きていっても構わないのである」（梶田 1991, 43ページ）ということは断わっておかねばならない。しかし，ここで問題としたいのは心の充実を導く価値の基底に「生の生産」がもつ価値概念を据えるということであり，その価値概念で生き方を統合することにより，人の心の充実を来たす「よりよい」生き方の方向が見出せるのではないかということである。そうすることにより，男女の役割分業に基づくアンバランスで不平等な「働き方」も是正され，環境破壊も克服されてくるのではないかと考えてきたのである。

幸か不幸か，女性は性別役割分業が固定化された経済社会システムのなかで，市場における生産活動の中心から外され，「生の生産」を主とした生活の場を中心に生きてきた。今日，生活を脅かしている環境問題の多くは「物の生産」活動の結果もたらされたものであり，男性はその活動の主たる担い手としてかかわってきた。この環境問題の解決には，皮肉にもこの「物の生産」域から捨象されてきた「生の生産」を思考の基底に据え，「生の生産」が内包する価値概念で人の労働活動を見直すことが必要ではないかと考えてきたのである。しかも，「生の生産」域を中心に意識的に生きてきた女性たちは，人類の存続にかかわる環境問題を，生活のなかで実感として鋭くとらえ，問題提起をもしてきた。

たとえば，北九州の環境問題克服にいち早く立ち上がったのは生活の中心にあった主婦たちであった。昭和25年のことである。それは環境破壊から「生活を守る」ための活動であった。その活動は，その後広く北九州市民に受け継がれ，行政，企業，研究者を巻き込み，今日の北九州の「青空」を回復してきたのである（毛利 2000, 55〜56ページ）。さらに，私の調査においても「男（夫）と対等に生きる（生きようとしている）主体型」の女性たちは洗剤の環境汚染問題についても敏感であった（花崎 1983, 99〜107ページ）。このような

「生活を守る」女性の主体的な生き方は女性ばかりでなく男性をも包摂した新たな生き方として提示されてきたのである。

伊東俊太郎（1997，9ページ）は環境問題の究極的解決には「大量消費・大量生産を断ち切り，外的・物質的なものの拡大から，より内的・精神的なものの充実へと文明の軸心を移してゆくことが求められる」と述べている。今こそ「物の生産」をも包摂する新たな生き方概念が求められているのである。

このような問題意識のもとに，ここでは，女性と環境とのかかわりを「労働」を媒介項にしながら考察していくことにする。

ただし，ここで対象となる環境は自然環境ばかりでなく，女性をとりまく家庭，職場，地域における社会・文化環境をも包含する。その環境へのアプローチは，生活を生活主体と環境との相互作用ととらえるが，その作用のベクトルの起点と帰着点を「主体の側」におき，生活主体それ自身の活動のあり方として考察しようとするものである。

2　労働をとらえる視点

(1)　労働の本質：内山節氏，高田佳利・棚橋泰助・三沢鈍氏等の見解を中心に

では，いったい労働とはどのようにとらえられているのであろうか。高田佳利，棚橋泰助，三沢鈍（久野・鶴見編 1965，473～474ページ）は，労働とは「人間生活に必要な物資の生産，サービスの提供をおこなう人間の活動である」としている。さらにその労働が人間生活にとってもっている意味は，「人間生活の存続に必要不可欠であり」，「人間自身をもつくり」，「人間社会の組織形態をも基本的に規定するものである」という。労働は個人にとっても社会にとっても人間生活の根本を形成するものなのである。

内山節（1993，15～27ページ）は，必ずしも明確に分類できるわけではないがと断わったうえで，労働には広義の労働と狭義の労働があるとしている。狭義の労働は近代社会が成立する過程で形成された今日の労働観であり，その一つは「経済的な価値，商品的な価値をつくる」ことであり，もう一つは「収入を得るために働く」ことであるとしている。そして，近代において「お金にな

らない，あるいは経済価値を生まない労働が労働概念からはずされていった」というのである。広義の労働は「何かをつくること」，それは一般的には「仕事」「働く」で表わされているものであり，必ずしも収入を伴うものとは限らないとしている。川添登（1985，14ページ）は労働を今和次郎の造形と重ね，「人間の労働そのものは，実は物をつくることで，とりもなおさずそれは造形であり」，その造形は「実は生活そのもの，生きていることのあかしである」といってよいのではないかと述べている。このように労働はじつは生活そのものであったのである。内山の広義の労働概念はこれと通底するものではないかと考える。

そして内山（1993，22～27ページ）は労働の本質を広義の労働概念における関係性にあるとし，人間が自然に働きかけ自然を加工する働きである「自然と人間の交通」とその人間と自然の交通のなかで得られる「人間と人間の交通」の関係性でとらえている。じつは労働をそのような関係性でとらえることで，「自然と人間の交通はどうあるべきか」という「労働の質」を問うことができ，そのような「労働の質」を問うことなしには，今日の環境問題も解決できないのではないかというのである。ことにその自然と人間との交通である労働を媒介にして成立する「人間と人間の交通」のなかに，労働の共同性が存在し，その共同性の存在への認識が環境への思考を拡大すると指摘する。

私が労働を「生の生産」の概念でとらえ直そうとするのは，じつは「生の生産」に内包されている価値で労働を生き方として統合することにより，労働が本来有する共同性を回復しうるのではないかと考えるからである。人の社会とのかかわりが個人化の度合いを深めるなかで，市場経済・商品経済の著しい進展は，労働を人が生きるというトータルな営みからますます疎外する。今日の環境問題や女性労働問題を考えるとき，それらの問題は，そのような労働の疎外状況を生活の基本視点に立ち返り，とらえ直すことなしには，解決できないのではないかと考えるからである。そして，生活が目指す個性の最大限の伸長・拡大もそれによってもたらされる心の充実も得られないのではないかと考えるからである。

(2) 「物の生産」労働の生活からの分離と性別役割分業

かつて人類にとって生きることは「働くこと」であり，「働くこと」は「生活そのもの」であり，生産も消費も生活として完結していた。ところが，その働き方は近代の産業革命以降，大きく変化したのである。近代における資本制生産様式では，モノ・サービスの生産にかかわる「物の生産」労働が，賃労働として生活から取り出され，生活と労働の分離が著しく拡大したのである（川添 1985, 15～19 ページ）。これが上記の狭義の労働といわれるものの浸透である。労働の賃労働化の促進は初期には生活のなかで周辺的仕事の遂行者である若い女性労働力を対象として行われたが，産業がさらに発展してくると，生活の中心的担い手であった戸主である男性が主たる労働力として家庭から取り出され，産業経済の主たる担い手となっていった（上野 1990, 34 ページ）。しかも，資本制生産様式は，さらに「生産過程を労働過程から独立」（内山 1982, 211～218 ページ）させ，労働は働く意味を矮小化させていったのである。

すなわち，かつて労働は生活の中心であり，労働は創造的共同的営みであったが，賃労働化の進展によって，労働を形成していた要素である「目的としてのイメージ」，「技能」，「労働力」がひとつひとつ労働から取り出され分離していった（川添 1985, 18 ページ）。こうして労働の外在化が起こり，労働が個人の手から離れていったのである。そして，生活は人間個体の維持と子どもを産み育てる営みである「生の生産」にかかわる，いわゆる消費的と呼ばれる活動となっていったのである。

(3) 性別役割分業の経済社会システム化

このように近代の生産様式は「物の生産」労働を生活から分離し，その労働を一方で賃労働として有償化し，他方では「生の生産」にかかわる労働を無償化していった。そしてさらに有償労働を男性に，無償労働を女性に役割を固定し，男性を「人」，女性を「自然」と優劣に対峙していったのである（ミース 1997, 66・69 ページ）。このように，男性は賃金を獲得する労働力として有償分野へ進出するが，女性はその活動を無償の労働分野である生活の場に限定されていったのである。

このような「男は外で働き，女は家庭を守る」という労働の生物学的非対称的役割分業が人の生き方として固定化され，女性は『第二の性』（ボーヴォワール 1953）として男性に従属したものとして位置づけられていったのである。しかもこの不平等分業は，資本制生産過程では資本制労働体制のなかで相補的システムとして機能し，固定化されていった。この性別役割分業の経済社会システム化が今日の経済の繁栄をもたらしたのである（ミースほか 1995）。

そして，われわれはかつてない便利で物質的に豊かな生活をエンジョイすることができるようになった。しかし，その市場経済の繁栄によってもたらされた生活の便利さや豊かさは，一方で今日の環境汚染を引き起こし，生活を脅かし，人類の存続さえ危ぶまれるようになってきているのである。しかも市場経済の営利追求を第一義とする「価値」が人の生き方の「価値」として，「生の生産」の営みである生活をも支配するという倒錯現象を起こしているのである。すなわち，労働の外部化によってもたらされた生き方の価値は人間の精神内部まで及び，賃労働の目的が「手段的価値」（たとえば原田 1968，182～183ページ）である「自己の利益」，「富」や「社会的地位」（内山・竹内 1997）などの追求となり，もちろん，それはそれで意味のあることではあるが，その目的価値が究極的・本質的生き方の「価値」を凌ぎ，結果として環境破壊や生活の荒廃をもたらしているのではないかと考えるのである。

とくに性別役割分業によって，無償労働である生活の場に固定されてきた女性たちが，たとえ市場労働の賃労働に進出したとしても，現在の経済システムでは，女性は周辺的労働力として男性よりも劣悪な労働環境条件におかれ，低賃金で健康被害をより多く受けることになる（たとえば，ウィットラー 1993，4ページ）。

3 女子差別撤廃条約による性別役割分業観の見直し

ところで，この性別役割分業の再検討を世界的事項として具体的に掲げ，人の生き方に新たな指針を与えたのが1979年第34回国連総会で採択された「女子に対するあらゆる形態に関する差別撤廃条約」（女子差別撤廃条約）である。

この条約は1981年8月4日には批准22ヵ国，加入2ヵ国となり，その年の9月4日には発効した（総理府編 1983，5〜6ページ）。日本の批准はそれより遅れること4年後の1985年である（総理府編 1989，6〜7ページ）。この条約は女性の新たな生き方を示す憲法といわれるように，これまでの女性差別が社会的文化的要因に基づくことに明確に触れ，その解決に新たな地平を拓いた画期的なものであった。男女の固定化した役割分業を解消するために，「法律」や「規則」ばかりでなく，これまでの「観念」や「慣習」をも見直そうというものであった。日常性にメスを入れ，生活のすみずみまでも支配している無意識的生き方の価値を意識化し，検討の表舞台にのせたのである。

この条約の採択の背景には，フランス革命期の「女権宣言」から女性の基本的人権確立を目指す婦人論や，「女性の権利の擁護」をあげるフェミニズム論の展開があった（辻村 1989，33〜34ページ）。一方国連では1945年の「国連憲章」に始まり，46年の「婦人の地位委員会」の設置，48年の「世界人権宣言」を基に，67年の「婦人に対する差別撤廃宣言」，75年の「国際婦人年」において男女平等実現のための大きな動きがあったということはいうまでもない。そして今日，フェミニズム論から男女両性の社会的文化的差異を追求するジェンダー論へ思想的深化を導いているのである。

そのような流れのなかで，労働面では，1981年6月ILO第67回総会において，156号条約「家族責任をもつ男女労働者の機会均等および平等待遇」および同勧告が採択されたことに注目しなければならない。それは竹中（1994，367ページ）が指摘するように一つには男女平等についての考え方が，男女の「機会の平等」からさらに「結果の平等」へと深化・前進したことであり，しかも，「結果の平等」を拒むその根源が，男女の役割分担が固定化された社会システムにあるという。したがって，「機会の平等」を「結果の平等」につなぐには，「職場だけでなく，社会・家庭を視野に入れた新しい社会システム」の構築が必要であるというのである。

そのような社会的背景のなかで，日本の女性労働の実情はいかなるものであるのであろうか。次節でみてみよう。

4 日本における女性労働の変容の特徴

(1) 女性の就業構造の変化

① 女性の労働力率と男女間の賃金格差の年次推移

図6.1に女性の労働力率の変化を示した。戦後、女性の労働力は量的には拡大した。1960年には1838万人であったものが、1999年には2755万人に増加した。しかし女性の労働力率の変化を女性全体でみると、1960年には54.5％であったものが、1975年には45.7％まで減少した。これはその頃女性の主婦化が顕著であったことを示す。このようにいったん減少した女性の労働力率はその後、徐々に回復し、1990年には50.1％に達するものの、それ以降は大きな変動はなく、1999年には49.6％にやや減少した。この減少は日本経済がグローバル化するなかで女性労働が質的変化を求められていることを物語っているものと考えられる。

この女性労働力をさらに男女の労働力人口の構成比でみると、女性の労働力率は4割前後にとどまっており、女性労働力の量的拡大が必ずしも社会における男女の役割分業構造に変化をもたらしたものではないことがわかる。

これを西欧およびアジア諸国と比較すると（図6.2）、女性（男性）全体に占める女性の労働力率は、スウェーデン74.5％（男性79.1％）、デンマーク73.4％（男性83.6％）アメリカ59.8％（男性75.0％）、カナダ57.4％（男性72.5％）と西

出所：総務庁統計局「労働力調査」より。

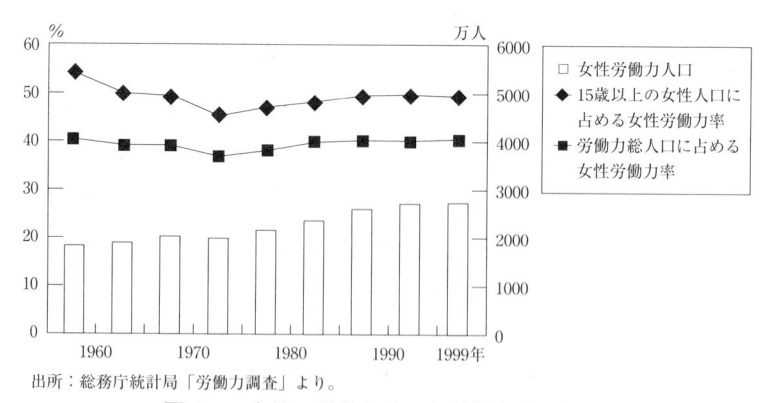

図6.1 女性の労働力人口と労働力率の推移

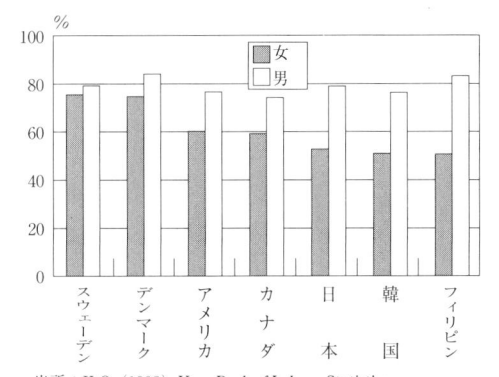

出所：ILO（1998）*Year Book of Labour Statistics*.
総務庁統計局「労働力調査」より作成。

図 6.2　主要国の性別労働力率

欧諸国では高いが，韓国 49.5％（男性 75.6％），フィリピン 48.9％（男性 82.4％），日本 50.4％（男性 77.7％）とアジア諸国では著しく低くなっている。また男女を合わせた労働力総人口に占める女性の割合も 1997 年でスウェーデン 47.4％，デンマーク 46.1％，アメリカ 46.2％，カナダ 45.1％は高いが，韓国 40.9％，フィリピン 37.7％，日本 40.7％は低くなっており（ILO 1998，総務庁統計局），日本およびここにあげた他のアジアの国々の性別役割分業がいかに強固であるかがうかがわれる。

このように男女の役割分業が強い日本では，労働力数の増大はパートタイマ

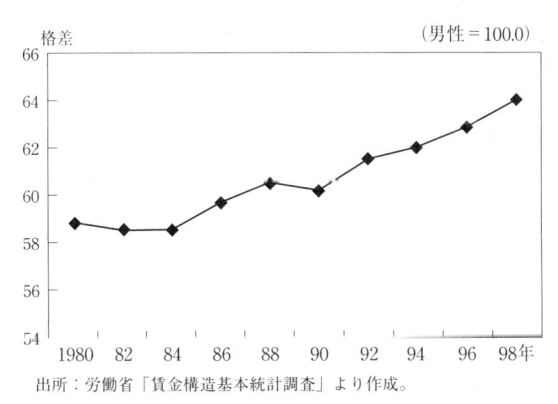

出所：労働省「賃金構造基本統計調査」より作成。

図 6.3　所定内給与額の男女間賃金格差の推移

ーの増大であることを指摘しておかねばならない。

つぎに男女の賃金格差の年次推移を1980年からみてみよう（図6.3）。フルタイム労働の女性は所定内給与で，1980年には男性の100.0に対し58.3でしかなかったものが，1999年にはやや上昇したものの63.9にとどまっている。この格差の要因は，総理府の試算によれば（総理府　1997，29～30ページ），一位が「職階」であり，二位は「勤続年数」であるということであるが，これも性別役割分業に起因していることはいうまでもない。

② 年齢階級別女性の労働力率の年次推移と男女間の賃金格差の変化

女性労働力率の，1960年，1975年，1990年，1999年と男性労働率の1960年，1999年における年齢階級別変化をみると図6.4となる。

労働力率の変化は各年次とも男性は台形を示しているが，女性は日本の特徴といわれるM字型を示しており，その形状は年次の経過にともない右上方向にシフトしている。その形状変化の特徴を各年次ごとにさらに詳細にみると，一つはV字の谷が1975年に最低となっていることである。これは前項で指摘

資料：総務庁統計局「労働力調査」より作成。

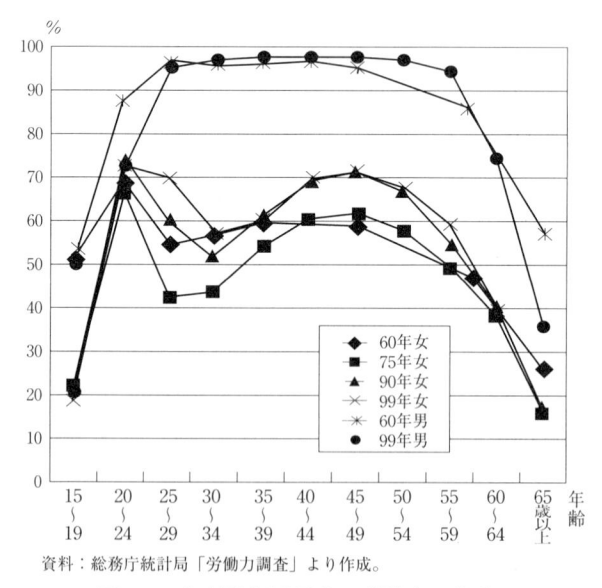

図6.4　年齢階級別男女の労働力の推移

したこの頃の主婦化傾向が最も増大したことを示している。その後V字の谷は1980年，1990年，1999年と年次の経過にともない徐々に浅くなるとともに，最低となる年齢層軸が高年齢層に移動している。これはいったん主婦化に向かった女性がその後は晩婚化するとともに，結婚・出産・子育てによる退職が減少したことを示していると考える。もう一つは年次の経過にともないM字の右肩山のピークが高く緩やかになったことである。これは35歳以上で女性の再就職が増加したことを示している。いわゆるパートタイム労働女性の増加である。

つぎに，男女間の年齢階級別賃金格差をみると（図6.5），若年層は男女間格差は小さいが，高年齢層になるにともない大きくなり，30～34歳代になると男性の7割台にまで低下し，50～54歳代には男性の半分近くまで低下する。ここに図で掲げた総理府の賃金格差の要因を明確に読みとることができよう。

③ **女性の従業上の地位別就業者数および構成比の推移**

女性の従業上の地位別就業者数および構成比の推移（図6.6）をみると，全産業で1960年には女性自営業主が285万人で女性全体の15.8％，家族従業者が784万人で43.4％，雇用者が738万人で40.6％であったものが，40年目の1999年には，それぞれ217万人で8.2％，291万人で11.1％，2116万人で80.4％に変

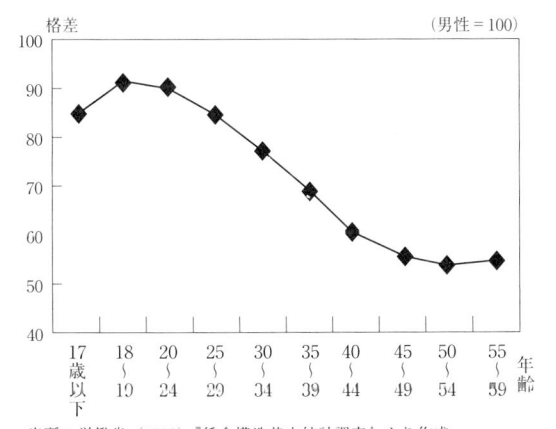

出所：労働省（1998）『賃金構造基本統計調査』より作成。

図6.5　年齢階級別男女間賃金格差

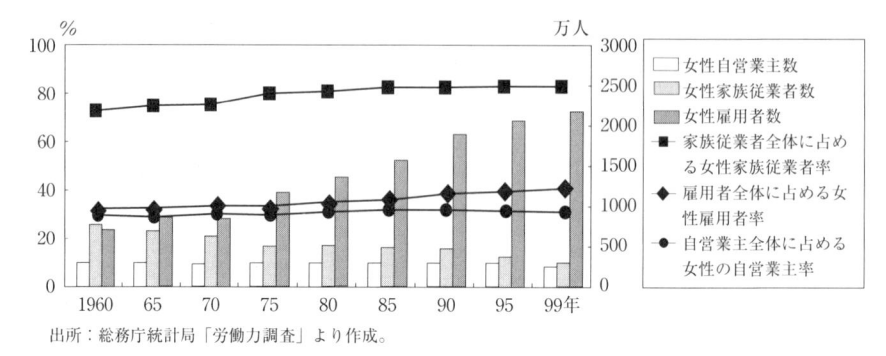

図 6.6 従業上の地位別女性従業者数および従業者全体に占める女性従業者率の推移（全産業）

出所：総務庁統計局「労働力調査」より作成。

化し，自営業主，家族従業者の割合が著しく減少し，その減少分が雇用者の増加となっている。

しかし，女性労働の特徴は，女性自営業主は1960年に男女合わせた全自営業主の28.3％であったものが1999年になっても28.8％とほとんど変わらず，自営業であっても女性がトップマネジメントになることが困難であるということである。それは女性家族従業者が1960年に全家族従業者の73.9％と7割強を占めていたのが，1999年にはさらに1割近く増加し，81.7％となっていることからもうかがえる。自営業であっても女性の位置づけはあくまで補助的労働力としてであるといえよう。

女性雇用者の割合を男女合わせた全雇用者のなかでみても，1960年には31.1％であったものが，1999年には39.7％に増大したものの，「女性は天の半分を支える」といわれるにもかかわらず全雇用者の半数には及ばないのである。

④ 産業別，従業別女性の就業分布と男女の賃金格差

さらに女性の就業分野の特徴を，産業別に男女雇用者総数に占める女性雇用者数の割合と男女の賃金格差でみると（総務庁統計局 1998『労働力調査』，労働省 1998『賃金構造基本統計調査』），男女の就業上の分布は人数，賃金格差ともに産業により異なる。女性の雇用率が男性の雇用率よりも高い分野での男性100.0に対する女性の賃金比率は，「サービス業」（女性雇用率52.8％）が68.5で平均賃金比率63.9より大きいが「卸売・小売業，飲食店」（50.7％）は62.0で

平均賃金比率より小さい。女性の雇用率が女性の平均雇用率より高い「金融・保険業，不動産業」(48.3％) の賃金比率は52.1で，さらに女性の雇用率が女性の平均雇用率より低い「製造業」(33.3％) の賃金比率は57.1となっている。女性の就業上の分布および男女の賃金格差にも片寄りがみられる。産業別賃金格差の傾向をみるためには，さらに細分類された産業別による検討が必要である。

しかし，さらに女性の職業別雇用者の割合を女性の社会的地位の指標の一つである管理的職業従事者の割合でみると，1999年には9.0％に達したものの (総務庁統計局)，未だに10人に1人にも満たない。これを世界的にみると，たとえば1998年のUNDP (国連開発計画) の『人間開発報告書』によれば「女性が積極的に経済界や政治生活に参加し，意思決定に参加できるかどうかを測る」GEM (ジェンダー・エンパワーメント測定 1997) は，日本は世界で測定可能な102ヵ国中第38位で著しく低い (総理府編 1999，4ページ)。女性の経済界での意思決定への参加なくしては，就業上の男女平等にはつながらないのではないかと考えるのである。

以上のように，女性労働の量的拡大が必ずしも女性労働の質的向上をともなったものではないことが明らかである。それは女性の職場進出が性別役割分業の延長線上でとらえられているからであり，その結果中枢的基幹的部門よりも補助的周辺的分野での労働が多くなっているからであろう。したがって，その解決には社会・文化環境として慣習化され，日常化されて定着した男女の役割のあり方を職場ばかりでなく，社会・家庭も含めて見直すことなしにはありえないであろう。

女性労働者をとりまく環境の検討に入る前に，ここでさらに性別役割分業に基づく働き方となっている短時間労働，とくにパートタイム労働についてみることにしよう。

(2) パートタイマーの推移
① パートタイマーの量的拡大および賃金の変化
近年の女性労働力の拡大の特徴は雇用者の増大であり，パートタイマーの増

加にある（図6.7）。女性の短時間労働者数は非農林雇用者中，1960年には57万人（男性76万人）で，全女性労働力中8.9％（男性3.6％）であったものが1999年には773万人で37.4％（男性365万人，7.0％）と著しく増加した。男性も短時間労働者の実数，全体に占める割合とも大きくなったものの，女性のほうがその割合は著しく大きくなっている。

なぜ日本で，パートタイマーがこのように増加したのであろうか。パートタイマーなどの雇用理由をみると（労働大臣官房政策調査部編 1997，21ページ），もっとも多いのが「人件費が割安だから」（38.3％），「一日の忙しい時間帯に対処するため」（37.3％），「簡単な仕事内容だから」（35.7％）などであり，単純な仕事内容を仕事量の緩急に合わせ人件費を安く上げようとする事業所の意図がよく表われている。

女性パートタイム労働者の一般労働者との賃金格差をみると（労働省『賃金構造基本統計調査』），女性パートタイム労働者の1時間当たりの所定内給与額は，1977年に439円であった。これは一般労働者544円の80.7％に当たる。ところが，その後，給与額は一般労働者もパートタイム労働者もともに年々上昇したものの，両者の格差は増大の一途を辿り，20年後の1997年には一般労働

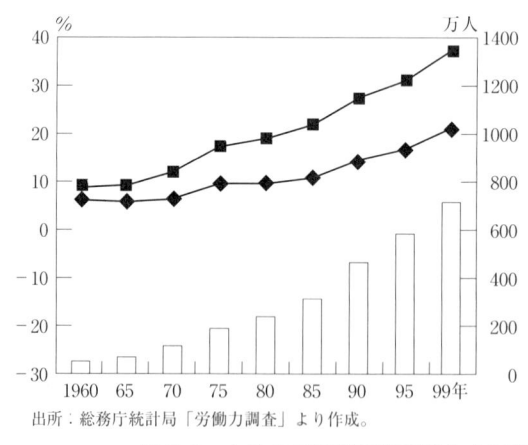

出所：総務庁統計局「労働力調査」より作成。

図6.7　女性の短時間雇用者数と全雇用者中に占める
女性の割合の推移—非農林業—

者の1281円に対し、パートタイム労働者は871円で一般労働者の68.0％に留まっている。これが日本における経済社会システムによる女性労働者の周辺化の拡大実態を示したものである。そしてそれは市場経済のグローバル化が浸透するなかで、今後ますます強くなっていくと考えられる。

さらに年齢階層別に1時間の給与額をみると、1997年には20～24歳が900円、25～29歳では950円であるが、40～44歳では849円と減少し、ここでも年齢の上昇にともない給与額は低くなっているのである。

② 労働時間

女性パートタイム労働者の労働時間（労働省『賃金構造基本統計調査』）は、1980年には1日6時間、1ヵ月の労働日数が23日であったものが、1998年には1日5.5時間、1ヵ月19.4日と減少しているものの、パートタイムとはいえかなり厳しい労働時間であるといえよう。それは、共働き女性の平均家事時間4時間10分（男性21分）（総務庁統計局 1996年）を単純に加えても、女性労働拘束時間はたちまち9時間40分に膨れ上がり、女性の労働時間は著しく長くなることからうかがえよう。パートタイム労働者であっても、「生活と仕事の両立」を願う女性にとっては家事労働時間の克服が第一義となる。ここに男性の家事労働参加の重要性が浮き彫りとなる。

③ パートタイム労働者の就業理由

それでも女性はなぜこの不安定で、低賃金のパートタイマーとして就業しているのであろうか。それは女子労働力が性別役割分業型を基盤にしながら資本制労働政策の一部として労働市場に組み込まれていった結果である（竹中 1994、12～16ページ）。しかし、パートタイム労働者は一方では不本意にもそのようなシステムに組み込まれながらも、他方では「生の生産」である子産み子育てや個体維持にかかわる生の根源的営みを中心に据える生き方を、あえて選択しているともいえよう。

したがって、「パートタイマーの実態調査」（労働大臣官房政策調査部編 1995、37～39ページ）によれば、「今の会社や仕事に対する不満・不安」をもつものは41.2％と高く、その理由として「賃金が安い」（52.3％）をあげているものが

著しく多いにもかかわらず，パートタイマーとしての就業理由は，「自分の都合のよい時間（日）働きたいから」(55.0％)，「勤務時間・日数を短くしたいから」(24.0％) など時間的余裕を求めているものが多くなっている。しかも，今後も「今と同じ仕事がしたい」(41.7％) が多く，その働き方は「パートで仕事を続けたい」(72.6％) が圧倒的に多いのである。しかも「就業形態の多様化に関する総合実態調査」(労働省 1999年) でもその就業理由は「自分の都合のよい時間に働けるから」(43.9％)，「家計の補助，学費等を得るため」(41.2％)，「勤務時間や労働日数が短いから」(37.3％)，「家庭生活や他の活動と両立しやすいから」(36.0％)，「通勤時間が短いから」(35.5％) とその主たる理由が経済的理由は当然としても家庭生活との両立のための時間的余裕を求めたものである。

　BPW北九州クラブの「女性の就業を妨げる要因についてのアンケート調査」(1998年) でも「女性の望ましい働き方」について，「結婚・出産一時退職再就職」の選択肢も並列したなかで，あえて「結婚後はパートか臨時で働く」という明確な選択肢を選んだものは全体では13％であり，その理由でもっとも多いのが「仕事と家事・育児・介護の両立」である。女性たちが生き方として仕事と家庭との両立を望めば，現状では，パートタイムで働くことを余儀なくされているということであろう。

　しかし，それは裏を返せば，パートタイマーは人生をつづる時間や空間を「自己裁量」のもとにおくことができる「自由」をもっているということでもある。経済的には多くを夫に依存したとしても，労働が「稼ぎ」や労働を介してえられる「富」や「地位」を生活の第一義的価値として位置づけられているとすれば，パートタイマーは生活のための経済的意識や手段的価値から解放されたからこそ，金銭などに変えることのできない「拘束からの解放」を選択したともとれる。現代社会において，たとえ性別役割に囚われたパートタイムの働き方であっても，それは生の根源的営みに価値をおいた「働き方」を選択したということではないだろうか。だからこそ女性はパートタイム労働であってもフルタイム労働への変更希望は少なく（経済企画庁国民生活局編 1996，45ペ

ージ），多くの女性が男性よりも生活に「ゆとり」を感じ，生活に「満足する」ことができるともいえよう（総理府広報室編 2000 年 8 月号，90～102 ページ，122～124 ページ）。

　経験主義に堕することはつとめて戒めなければならないが，女性はこれまで「生の生産」域にかかわってきただけに，「生の生産」が内包する価値に気づき，それを受け入れ自分自身のなかに育んできたということではなかろうか。それは収入が増加しても「仕事が生きがい」と感じている割合はそれほど増加しておらず，むしろある程度収入が高まると仕事に対する生きがい感は減少さえしているという調査結果からもいえるのではなかろうか（経済企画庁国民生活局編 1996，45 ページ）。それに対し，「充実感を感じる時」について，男女ともに第一位に「家族団らんの時」をあげているが，女性のほうが多いということからもいえるのではないだろうか（総理府広報室編 2000 年 8 月号，107 ページ）。そのような観点に立てば，パートタイムの就業のあり方は，現代社会における「働くということ」の意味を生き方として問い直す契機を与えているといえるのではないだろうか。

　すなわち，人類の存続を可能とする根源的営みとしての「生の生産」に，生き方の価値をおくということは，現代社会を支配している手段的生き方の価値を生の営みを統合する価値概念で見直すということである。そうすることによって，今日の狭義の労働観および手段的価値を第一義とする労働のあり方をも変革する芽を醸成し，それによって環境問題解決の糸口をつかみ，男女の新たな関係を生み出す生き方を創造することができるのではないかと考えるのである。

　もちろん，女性のほうが，男性よりもパートタイム労働をより多く選択せざるをえない現在の状況では，男女不平等な「働き方」であり，改められるべきであるということは述べるまでもないであろう。しかし，それでもなお私がパートタイム労働を問題にするのは，パートタイム労働の有りようが人類存続さえ危ぶまれる環境を生み出す現在の「働き方」の変革に示唆を与えてくれるのではないかと考えるからである。それは「人間が作り上げた人間支配のシステム」（内山 1997，29 ページ）を見直すことをアンチテーゼとして，われわれに

突き付けていると考えるからである。

5　女性労働者をとりまく環境

(1)　家庭環境

①　家庭における男女平等意識

　古来，家庭は家族の生活の場として，生の営みの中心的役割を担ってきた。しかし，個人と社会の関係の枠組みが「社会中心パラダイム」から「生活者中心パラダイム」へ転換するなかで（神原 1993, 52ページ），家庭の役割機能や有りようもまた変化してきた。そのような状況のなかにあって，すでにみてきたように女性の就業が推進されるような家庭環境の整備は十分ではなかった。なぜだろうか。家庭における男女平等という観点からみてみよう。

　家庭生活における男女の平等感を総理府広報室が実施した「男女共同参画社会」で「男女の地位の平等感」（図6.8①）をみると，「男性優遇感」をもつものは「男性のほうが優遇されている」と「どちらかといえば男性が優遇されている」とを合わせると5割（全体50.7％，女性56.6％，既婚女性57.0％）にも達し「平等感」をもつもの（全体39.7％，女性34.6％，既婚女性35.3％）は少なく，女性の就業をサポートする家庭環境は十分には整っていない。未来を担う学生を対象とした調査（ジェンダー研究北九州市実行委員会 1997, 26ページ）でも，

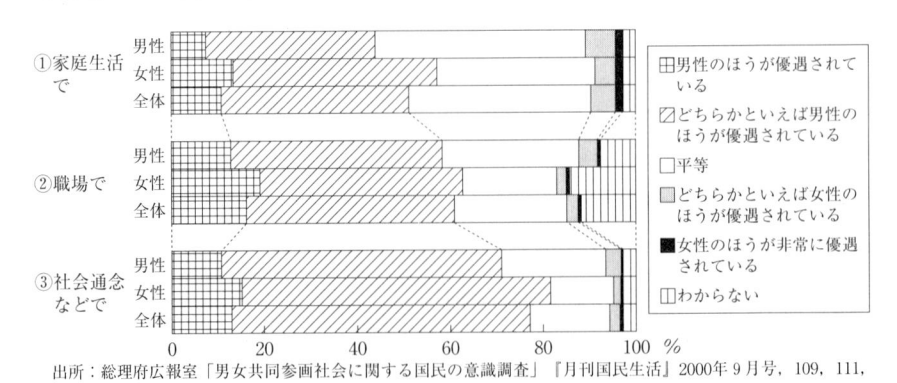

出所：総理府広報室「男女共同参画社会に関する国民の意識調査」『月刊国民生活』2000年9月号，109, 111, 120ページより作成。

図6.8　男女の地位の平等感

女性の「平等感」は著しく低く (19.9%)、家庭生活の有りようが問われるところである。日本における今日の晩婚化や突出した少子化現象は個人化した自由な生き方選択願望が強まったこと (厚生省人口問題研究所『出生動向基本調査』「独身生活の利点」1992) と、この家庭生活における男女の不平等感が強く影響しているのではないだろうか。

そこでつぎに、家庭における「女性の負担」意識を探ることにしよう。

② **女性の負担**

日本リサーチ総合研究所の「育児や老親の介護の負担が、多くの場合、女性にだけかかっているという見方についてあなたはどう思いますか」の調査 (1997年) によると、「まったくそのとおり」(32.1%) と「ある程度そのとおり」(47.0%) を合わせると男女全体では8割近くが負担に思っている。なかでも40代の女性の負担意識 (89.3%) は著しく高い。子育てを終え、親の介護を控え、生活のなかで女性がおかれている状況をもっとも強く認識する年代になり、「女性の負担」に対する問題意識が集中的に高まったことを表わしているのであろう。この調査ではさらに「女性の負担を軽減する政策、必要な改善」を問うているが、その回答に「託児施設、公的介護施設などの行政施策」(76.4%)、「夫の育児や介護への参加など、家族内での役割分担」(45.4%) がもっとも多くあげられているということは、女性が就業しようとすれば、育児や介護の負担が女性にもっとも強くかかっていることを痛感しているからであろう。これが家庭生活における不平等感として表われていると考えられる。

このように女性が労働市場に参加しようとしても、家庭生活を維持するための公的および家庭内サポート環境が十分に整えられていなければ、女性の主体的生き方は阻まれる。それは「男性が優遇されている原因」を社会全体でみた場合 (図6.9、総理府広報室 前掲書)、第三位に「女性の能力を発揮できる環境や機会が十分でない」(女性42.9%、男性40.0%)、第四位に「育児、介護などを男女が共に担う体制やサービスが充実していない」(女性39.5%、男性35.2%) をあげていることからもいえよう。

すでに述べたように「充実感を感じる時」については男女がともに「家族団

らんの時」を第一にあげているのをみれば（総理府広報室編 2000年8月号），生活が個人化すればなおいっそう家庭の重要性は高まってくるのではないだろうか。そのようなときであるからこそ女性の就業を可能とする豊かな家族関係をつくるために，男女平等な生活環境の醸成が重要となるのである。

(2) 職場環境

① 職場における男女平等意識

前掲の総理府広報室が実施した調査のなかで，「男女の地位に関する意識」(図6.8②) においては，職場でも「どちらかといえば男性のほうが優遇されている」(34.0%) と「男性のほうが優遇されている」(28.8%) とをあわせると62.8%が「男性優位感」をもっており，なかでも女性の40～49歳の「男性優位感」(74.0%) は強く，職場における不平等感は家庭生活における不平等感より強い。家庭生活における不平等感よりも職場における不平等感が強いのは，女性の「働き方」にも影響していると思われる。共働き家庭の女性と専業主婦家庭の女性と，またフルタイム家庭の女性とパートタイム家庭の女性とを比較すると，専業主婦家庭の女性とパートタイム家庭の女性とが職場における不平等感は強くなっているのである。職場の平等感のとらえ方によって女性の生き方の選択も異なってくるのかもしれない。あるいは女性が働き自立することで職場での平等感も高まるということかもしれない。

いずれにしてもこのような不平等感の高まりが，意識的，無意識的にかかわらず多くの女性に「子どもができたら職業を中断し，子どもに手がかからなくなったら再び職業をもつ」という，いわゆる「一時中断再就職型」のライフスタイルを選択させるのであろう。そして，これが女性のパートタイム労働の増加の原因と考えられるのである。あるいは，そのような働き方が，職場の不平等感を増幅するのかもしれない。だからこそ男女平等な職場環境の醸成・整備が家庭環境の整備とあわせて急がれるのである。

② 職場環境と就業継続率：働きやすさ・働きにくさ

そこで，さらに労働環境と企業定着率との関係を，たとえば「育児休業制度」との関係でみると（家計経済研究所 1999），「育児休業制度が存在する企業,

あるいは育児休業制度が新たに導入されるようになった企業で従業員の企業定着率は増加している」というのである。また職業を継続しようとしても「家事・育児・介護への家族の協力が不十分」（全体36.6％，女性39.1％）であり，「育児や介護のための施設が十分でな」（全体35.2％，女性37.1％）ければ職業継続は妨げられるのであり，ここでも家族や公的社会的サポートの整備の問題点が浮かびあがる。さらに「結婚・出産退職の慣行がある」（全体29.9％，女性26.9％），「育児休暇，介護休暇も妻である女性がとるという慣行が強い」など，女性に対する企業内慣行が就業を継続できない状況に追い込む。そこで，さらに具体的に「働く女性の出産・育児の障害」（日本リサーチ総合研究所 1999）をみると，「公共の保育施設，託児所などが充実していないこと」（62.4％），「企業内託児所や勤務形態など子育てに配慮した企業の施設や制度が不備なこと」（59.9％），「女性の中途採用，職場復帰の機会が少ないこと」（59.4％），「企業が採用や人事考課について，男性と女性を差別していること」（44.8％）など，ここでも託児所などの環境未整備と雇用面での性差別である。

　以上のことから女性の就業継続を可能とするには，女性をとりまく環境を第一に「育児・介護」にかかわる直接的サポート体制を整備するとともに男性の家事参加を促すことであり，第二はその背景に存在する男性優位の社会的文化的意識・慣行を廃していくことが同時に取り組まなければならないことがわかる。

③　**女性の労働環境を整えるための法制化：男女雇用機会均等法の改正**

　1986年4月，「女子差別撤廃条約」を受け，男女雇用機会均等法（正式名称「雇用の分野における男女の均等な機会及び待遇の確保等女子労働者の福祉の増進に関する法律」）が施行された。これで女性は性によって差別されることなく，その能力を十分に発揮できる労働環境が整備されたはずであった。しかし，その法律は制定以前から，とくに「募集」「採用」「配置」「昇進」において，事業主に法的制裁がなく，事業主の努力義務に任されていることへの不備が指摘されていた（たとえば，浅倉 1984，6～31ページ）。これまでもみてきたように女性の労働市場への進出が，数，雇用分野，雇用年数とも著しく増加するなかで，

企業の女性に対する雇用管理は，労働省女性局が「雇用の分野において女性が男性と均等な取扱いを受けていない事例」（労働省女性局監修 1998，10ページ）があることを認めるように，改善が進んでいないことが明らかになった。しかも，近年の少子化現象が女性の労働環境の未整備によるものであり，男女雇用機会均等法が女性労働者に対応するものではないことが多く指摘されてきた（たとえば，労働省女性局監修 1998，10ページ）。

　このような状況を受け，1997年6月，男女雇用機会均等法が改正され，1999年4月1日より施行された（正式名称「雇用の分野における男女の均等な機会及び待遇の確保等に関する法律」，母性健康管理のみ1998年4月1日）。

　その改正のポイントを概略述べると，つぎのとおりである（労働省女性局監修 1998，10〜73ページ）。

　イ　雇用の分野における男女の均等な機会及び待遇の確保
　　a　女性労働者に対する「募集・採用」「配置・昇進」，さらに「教育訓練」についての差別を禁止。また「女性のみ・女性優遇」については原則として禁止。
　　b　男女労働者の間に生じている差を解消するための事業主の取り組みとしてのポジティブ・アクションに対する国の他の援助。
　ロ　実効性を確保するための措置の強化
　　a　規定違反の企業名の公表。
　　b　紛争当事者の一方からの申請による調停。
　ハ　女性労働者の就業に関して配慮すべき措置についての新たな規定の新設
　　a　事業主のセクシュアル・ハラスメント（職場における性的いやがらせ）を防止するための雇用管理上の配慮を義務化。
　　b　母性保護に関する措置として，妊娠中及び出産後の健康管理の事業主への義務化。

　それとの関連において「労働基準法」および「育児・介護休業法」の一部の改正が行われ，女性にとっての労働環境は法律として整えられてきた。

④ 職場環境整備のためのセクシュアル・ハラスメントの防止

セクシュアル・ハラスメントとは,「職場において行われる性的な言動に対するその雇用する女性労働者の対応により当該女性労働者がその労働条件につき不利益を受け,又は当該性的な言動により当該女性労働者の就業環境が害されること」(労働省女性局監修 1998, 51ページ) と定義されている。セクシュアル・ハラスメントは個人の尊厳を不当に傷つけるとともに,女性の就業環境を悪化させるものであり,性的な差別である。と同時に,これは弱者に対するハラスメントであり,弱者へのいじめの一変形である (日本経営者団体連盟広報部編 1990)。この問題は「日常のやりとり」や「職場風土」などの社会文化にその萌芽があるといわれるが,それであるがゆえになおセクシュアル・ハラスメントの本質を認識しがたく,十分に理解できているとはいいがたい。法廷で争われるなど,近年つぎつぎと顕在化したセクシュアル・ハラスメントは,日常に浸透している文化や価値観の変容の困難さを現わしていよう。

そのようにセクシュアル・ハラスメントが随所で発生しているにもかかわらず,事業所のセクシュアル・ハラスメント防止への取組みは少ない。たとえば福岡市の雇用動向調査 (1999年) によれば,セクシュアル・ハラスメントへの啓発を試みる「社内報,パンフレットなどに記載,配布」(19.9%) と著しく低く,その被害を最初に受け止める「相談窓口を設置」(14.8%) や,ましてや「就業規則に規定」されている (10.6%) のはさらに著しく低くなっているのである。「特に配慮していない」(56.6%) が5割以上で未だ手付かずの状態である。職場環境整備に事業主の意識の喚起が急がれるところである。

(3) 社会・文化環境の変容

以上みてきたように,今日の女性労働を創出する背景にある社会・文化環境としての価値観が,日常性となり,慣習・社会通念を形成しているとき,その変革がいかに困難であるかが明らかである。前掲の総理府広報室の調査 (22ページ) で,「社会全体における男女の地位の平等感」に関して「社会通念・慣習・しきたりなどで」をみると (図6.8③),「男性のほうが優遇されている」(44.4%) と「どちらかといえば男性が優遇されている」(36.0%) を合わせると

「男性優位感」(80.4％, 女性82.5％) は著しく強く, 今「男性優位」の変革がもっとも求められているのが「社会通念・慣習・しきたりなど」においてであることがわかる。さらに「男性が優遇されている原因」(126～127ページ) をみると (図6.9), 第一位「日本の社会が仕事優先, 企業中心の考え方が強く, それを支えているのが男性だという意識」, 第二位に「社会通念や慣習やしきたり」をあげており, 男性優位感が日本の社会に文化として深く根づいており, そのような環境との相互作用により女性労働の有りようが規定されていることがうかがえよう。

したがって, まず女性が就業を可能とする「家庭環境」「職場環境」に合せて「社会・文化環境」を作り出すことが重要となる。それには, 男女平等の視点を「生の生産」に内包される価値に意識的に導入しながら, 労働を日々の活動のなかで見直していくことである。女性労働の変容にはそのような大きな文化の変容をも巻き込んだ, われわれひとりひとりの日常の意識・行動の変革が求められているといえよう。

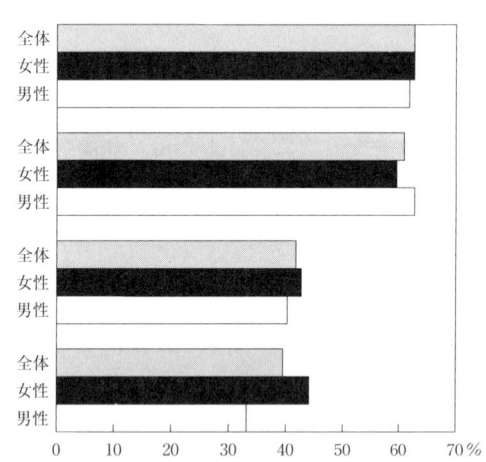

出所：総理府広報室『男女共同社会に関する国民の意識調査』『月刊世論調査』2000年9月号, 126～127ページより抜すい作成。

図6.9 男性が優遇されている原因

6　労働を新たな生き方へ統合する概念としての「生の生産」

　女性が人としてその生を全うするには，労働を市場経済的視点だけでみるのではなく，生活の概念でとらえ直す必要があるのではないかと考えてきた。すなわち，現代生活における労働をとらえる視点として，「生の生産」がもつ概念を，「物の生産」をも包摂する概念として，「物の生産」がもたらす生き方の価値を，「生の生産」が内包する生き方の価値でとらえ直すことが必要ではないかということである。「生の生産」としての「生活の営み」には，生活の価値である環境との「調和」や「共生」と生活を統合する概念である「配慮」「ケア」「協働」などを内包しており，「労働」をこれらの概念で生活のなかで生き方として統合することで，人が人としてその個性を最大限に伸長・発展させ，心の充実が得られるのではないかと考えてきたのである。女性労働を環境とのかかわりでみようとするのも，じつはこの点においてであった。

　もちろん「物の生産」は，人間が生きていくうえで不可欠なものであり，人は「物の生産」労働にかかわることで自己を拡大し，成長させてきた。しかし，市場経済が著しく進展するなかにあって，「物の生産」それ自身が自己目的化し，「物の生産」にかかわる労働のあり方，労働のもつ意味が，「人が生きる」というトータルな思考から掛け離され，労働の本質から遠ざけられてきたのではないかと考えるのである。それによって，人の生き方の価値が「物の生産」がもつ経済的手段的価値で支配されるという逆転現象が生じているのではないかということである。今日つぎつぎに発生している環境問題も，生活問題や男女平等の問題も，労働が本来もつ意味に照らして，それに基づく労働のあり方を生活のなかで問い直すことなしには解決しえないのではないかと考えるのである。

　「労働は本質的に共同労働的性格」（内山　1997，26ページ）を有しているはずであった。すでに2節で述べたように，人は自然に働きかけ，何かを造りだして生きてきた。そして，人間はその自然によって生かされてきた。またその自然との関係の過程をとおし，人は社会的諸関係を創造し，その社会的諸関係のなかで個人としての自分自身を成長させてきた。こうして人は環境としての自

然や社会・文化との関係をとおし自己の個性を成長・伸長させ，心の充実を得てきたのである。しかし今日，利潤追求を第一義とする市場経済の生き方の価値が生活のなかへますます浸透の度合いを深め，生活本来が有している生き方の価値がみえにくくなっている。今日の環境問題も，女性問題も，広く生活・生き方の問題として，環境と人間との関係はどうあるべきか，人と人との関係をどう創るべきか，広義の「働く」という視点から問い直すことなしには根源的解決には至らないのではないか，すなわち，「労働の質」を問うことなしには真の生活の向上も，それをとおしての個性の伸長・発展も，そしてそれにともなう心の充実も得られないのではないかと考えるのである。

　さらに，労働の共同性は，人の環境との「共生」「調和」や人や環境への「配慮」「ケア」，人との「協働」など「生の生産」が内包する価値概念の発動によってこそ達せられ，その共同性は生きる喜びとなり，心を充実させてくれると考える。すなわち，生活の主体が主体として人や環境にかかわり，主体が主体を超えたところに真の共同性が存在し，そこに真の労働（働き，関係）の喜びが存在し，心が満たされたものになるのではないだろうか。それが心の充実といえるものではないかと考えるのである。多くの調査結果（たとえば総理府広報室編　2000年8月号，107ページ）に「充実感」「生きがい」をもっとも感じるのは「家族団らんの時」「家族」など「生の生産」域の中心対象がみられるのは，このことをよく物語っているのではないだろうか。

　女性労働の考察は環境問題・男女のあり方を認識させ，環境問題や男女のあり方は現代社会の労働のあり方，ひいては人の生き方を「生の生産」の視点から問いかける。

引用文献

ILO（1998）*Year Book of Labour Statistics*

浅倉むつ子他（1984）「均等待遇の法的課題」『ジュリスト』No. 819

アーナ・ウィットラー（1993）「環境と開発と女性」『アジア女性研究』No 2 アジア女性交流・研究フォーラム

アルフォンス・デーケン（1995）『人間性の価値を求めて』春秋社

伊東俊太郎［1997］「総論現代文明と環境問題」『環境倫理と環境教育』（講座文明と環境 第14巻）朝倉書店
上野千鶴子（1990）『資本制と家事労働』海鳴社
内山節・竹内静子（1997）『思想としての労働』農文協
内山節（1982）『労働の哲学』田畑書店
内山節（1993）『自然・労働・共同社会の理論』農文協
家計経済研究所（1999）『現代女性の暮らしと働き方』大蔵省印刷局
梶田叡一（1991）『生き方の心理学』有斐閣
川添登（1985）『生活学の誕生』ドメス出版
神原文子（1993）「家族研究におけるライフスタイル分析の意義」『家族社会学研究』第5号
久野収・鶴見俊輔編（1969）『思想の科学辞典』勁草書房
経済企画庁国民生活局編（1996）『国民生活選好度調査』
総理府編（1983）『婦人の現状と施策』
総理府編（1989）『婦人の現状と施策』
総理府編（1997）『平成9年男女共同参画の現状と施策』
総理府編（1999）『男女共同参画の現状と施策』（1999年度版）
総理府広報室編（2000年8月号）「国民生活」『月刊世論調査』
竹中恵美子（1994）『戦後女子労働史論』有斐閣
辻村みよ子（1989）「人＝男性の権利から女性の権利へ」『ジュリスト』No.937
日本経営者団体連盟広報部編（1990）『セクシュアル・ハラスメント』日本経営者団体連盟広報部
日本リサーチ総合研究所（1999）『社会と生活についての国民意識』
花崎正子（1983）「被服整理学の範囲」『東筑紫短期大学紀要』No.14
花崎正子（1996）「家政学方法論の整備にむけて―（その1）認識対象としての「家政」―」『東筑紫短期大学研究紀要』No.27
原田一（1968）『家政学の根本問題』家政教育社
BPW北九州クラブ（1998）「女性の就業を妨げる要因についてのアンケート調査」『平成10年度女性問題調査・研究支援事業報告書』北九州市立女性センター"ムーブ"
福岡市（1999）『雇用動向調査』
福岡労働基準局監修『労働基準実務必携』（1999年度版）労働基準調査会
ボーヴォワール（生島遼一訳）（1953）『第二の性 女はこうしてつくられる』新潮社

マリア・ミース（奥田暁子訳）（1997）『国際分業と女性』日本経済評論社
マリア・ミース, C. V. ヴェールホフ, V. B. トムゼン（古田睦美・善本祐子訳）（1995）『女性と世界システム』藤原書店
宮川満・宮下美智子（1986）『家政学原論』家政教育社
毛利昭子（2000）「女性市民運動による公害克服の歴史」『アジア・太平洋環境女性会議発言要旨集』アジア女性交流・研究フォーラム
労働省編（1999）『日本の労働政策労働基準調査会』
労働省女性局監修, 労働基準調査会編（1998）『男女雇用機会均等法 労働基準法 育児・介護休業法』
労働大臣官房政策調査部編（1997）『平成9年パートタイマーの実態—平成7年パートタイム労働者総合実態調査報告』

第 7 章　貿易と環境との視点

1　WTOと環境問題

　古くから，貿易と環境に関連する国際協定は地域的に存在していたが，貿易が環境に与える影響に対する意識は比較的低く，議論の対象とはあまりされてはいなかった。1947年に起草されたGATT（関税および貿易に関する一般協定）の条文のなかには「環境」という語は明示されておらず，貿易と環境の問題が初めて議論されたのは1971年のことである。そこで「環境と国際貿易に関する作業グループ」が設置されたが，実際に会合はもたれてはいない。しかし，経済の国際化の進展につれてGATTでこの問題が認識され，絶滅のおそれのある野生動植物の国際取引に関する条約（ワシントン条約）が1973年に採択されたのを始め，オゾン層を破壊する物質に関するモントリオール議定書，有害廃棄物の国境を越えた移動およびその処分の規則に関するバーゼル条約など多国間環境条約（MEAs）による貿易制限措置が採られてきた。[1]

　また1990年に起きたアメリカとメキシコ間のキハダマグロ事件[2]は，環境保護団体の反発を招き，貿易と環境の問題は政治的な問題とされるに至った。

　1992年6月，リオ・デ・ジャネイロでの国連環境開発会議（地球サミット）において，ウルグアイ・ラウンド交渉の決着を目前として自由貿易と環境保護への関心が高まるなかで，貿易政策と環境政策を相互支持的（mutually supportive）にしていくという方向性が打ち出され，関係国際機関で取り組みが行われてきた。

　本章では，1993年12月のウルグアイ・ラウンド交渉の終結により，1995年から発足したWTO（世界貿易機関）が貿易と環境に対してどのように取り組んでいるかを明らかにする。[3]

　WTO設立協定の前文では，生活水準の向上，完全雇用の確保等の従来の目

標に加えて，環境の保護・保全及び持続可能な開発が新たに明記されている。また，組織において「貿易と環境に関する委員会」（CTE）が第一回WTO協定一般理事会において設置された。[4]

なお，貿易と環境の議論をリードしてきた国際機関はOECD（経済協力開発機構）であり，OECDでは，従来より「汚染者負担の原則」（PPP）など，貿易と環境に関連する基本的な考え方を示してきた。OECDでの討議は，WTOやその後の国際的な議論のベースとなっている。[5]

このように，貿易と環境の問題は，ポスト・ウルグアイ・ラウンドの重要テーマの一つといわれており，今後，さまざまなかたちで議論が継続していくことが予想される。この問題は多くの国がかかわる問題であるため，どのようなルールをもって調停していくかという論点に行きつく。現在，貿易と環境の問

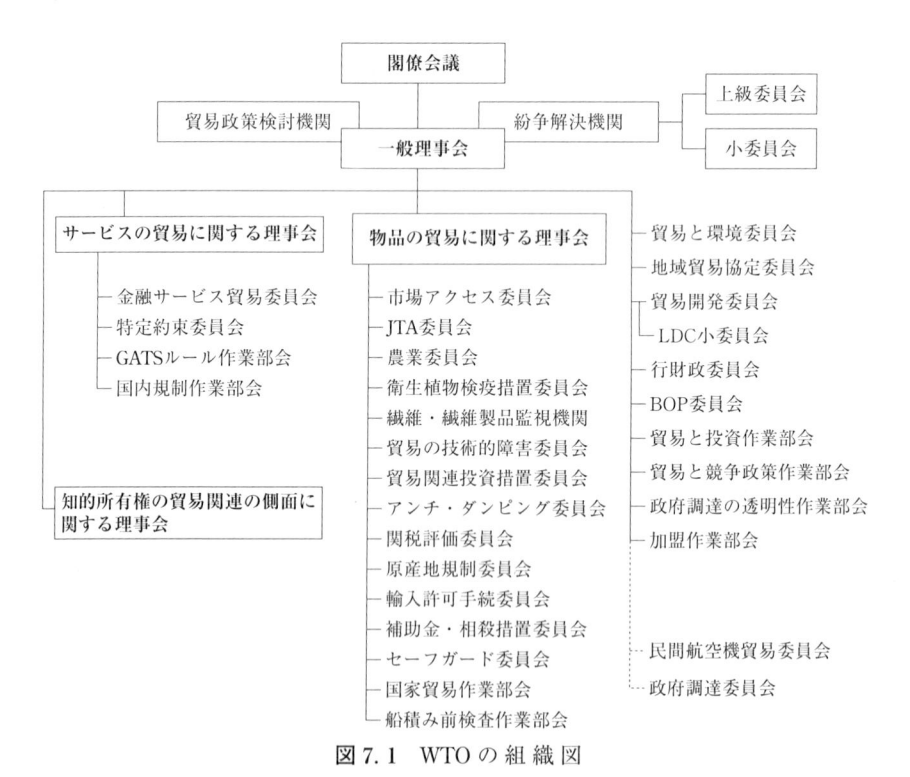

図7.1　WTOの組織図

題に取り組んでいる主な国際機関としては，OECD, WTOのほかに，国連CSD（持続可能な開発委員会），UNCTAD（国連貿易開発会議），UNEP（国連環境計画），UNDP（国連開発計画），ITTO（国際熱帯木材機関），GEF（地球環境ファシリティー），NOWPAP（北西太平洋地域海行動計画），IUCN（国際自然保護連合）などである。

　従来のGATTは，法的には条約を採用した締約国の集まりにすぎなかった。今回，GATTに代わって国際機関としての世界貿易機関の設立が決まったことは，戦後設立されるはずであった国際貿易機関（ITO）が設立されず，ずっと続いていた「暫定的な」GATTによる変則的な体制が終了し，ウルグアイ・ラウンドの成果を実施し，今後の多角的交渉を通じて，世界貿易のいっそうの自由化を実現するための本格的な国際機関が誕生することを意味する。WTOは，統一紛争処理手続き，貿易政策の審査などを通じて，多角的な貿易のルールを実現することになる。

2　貿易と環境の位置づけ

　世界の貿易数量は近年飛躍的に増加しており，世界経済は国際貿易を通じてつながりを強めている。

　WTO協定は，財（goods）の貿易ルールを定めた「GATT 1994」，サービスの貿易ルールを定めた「GATS」，および知的所有権（知的財産権）のルールを定めた「TRIPS」の三つを柱とする多数国間協定から構成されている。[6]

　そのなかで環境に関連する条文としてGATS第14条(b)とGATT第20条(b)項と(g)項である。これらのルール条文は，いずれも「人，動物又は植物の生命又は健康の保護のために必要な措置」と記されており，WTO加盟国が環境保護を理由に貿易制限を行う根拠とされる。だが，図7.2のような問題が発生する。

　すなわち，GATT第20条(b)に基づく環境保護を理由とした「財」の貿易制限

環境問題の発生原因	対応措置
環境サービス	GATSルール整合的な環境措置
環境財	GATTルール整合的な環境措置

図7.2　貿易制限的な環境措置

措置は，従来どおり，他のGATTルールのどれも適用が困難な場合にのみ認められる。他方，GATSにはそのような条件がみあたらないため，国々がGATS第14条(b)を口実に「サービス」を対象として偽装的な貿易制限措置を乱用しても，これをWTO違反として禁止することは難しいという問題である。

第二は，WTOのGATT第20条およびGATS第14条に，「環境」という用語の明記がないことにかかわる問題である。

ウルグアイ・ラウンドの当初に草稿されたGATS第14条原案には，「環境」の文字が組み込まれていたが，交渉の最終段階で削除された経緯がある。これは，貿易と関係のある環境問題の範囲を明確化することが実際に難しいためと推測される。環境問題の範囲を国内レベル，地域レベル，地球レベルの三つに分ける見方もある。現状のWTOルールでいう環境問題とは，二国間レベルで基本的な前提となっているようである。現実の環境問題のいくつかは，すでに二国間レベルを越えて，地球レベルに拡大している。[7]

一般的に貿易は，リカードの比較生産費説を想起するまでもなく，他国より有利に生産できるものに特化し，輸出を行い，劣ったものを輸入することにより互いに貿易を行う。そのことにより各国ともに一定量の資源を用いてより多くの生産物を獲得することができるのである。これにより最適地で最適の規模の生産が行われ，国際的分業の利益があるとされている。また保護貿易が幼稚産業の保護育生のために望ましいことは否定できないが，その他の点では，自由貿易を行うほうが，各国の利益になるであろうと思われる。国際間の競争は各国の生産条件を高めて，世界全体に豊富な商品を安価に供給する効果をもつ。

また貿易が有するこのような性格は，資源の非効率的利用にともなう環境負荷を低減させ，環境容量の小さな国への環境負荷の高い産業の立地を回避させるなどの点で，貿易がもたらす環境へのプラスの影響とも合わせて，環境保全の推進に寄与するものである。

ところが現実には，これまでみてきたように，貿易が環境破壊をもたらし，それを助長している場合がある。環境に関連する市場の失敗は，市場が環境資源の適正な評価と配分に失敗することにより発生しうる。そのことは，それら

の費用を認識し，計測し，徴収することが困難なことに起因している。その要因は，環境コストが財とサービスの価格に適切に反映されていないままに取引が行われている。

OECDの報告にもあるように，環境コストは，財とサービスの価格に対して内部化というよりはむしろ外部化されているのである。環境的外部性は，その不利益が価格に換算されて市場を通じて補償されない場合に発生する。経済学では完全競争市場が真のパレート最適を実現しない事情の一つに外部経済の存在を指摘している。ある活動の見かけ上の費用の総費用からの乖離は，不適切な環境利用であり環境資源の劣化というかたちで現われる。例としては，農業部門における肥料や科学物質の過剰な使用から生じる汚染や，漁業部門における過度の養殖にともなう汚染，運輸部門における混雑などあげられる[8]。

国内における環境費用の内部化の失敗は，酸性雨，河川汚染，気候変動などとして越境的・地球的な環境問題の悪化につながる場合がある。そのため，各国において必要な環境政策を講じることにより，これらの環境コストが市場価格に内部化されれば，貿易を含む経済活動と環境破壊の直接的な関係を改善することが可能となる。

したがって，国際的，国内的に適切な環境政策を実施することにより，環境コストの内部化を積極的に推進していくことが，貿易の基礎となる資源基盤を維持し，自由貿易を維持強化するという観点からも本質的に重要である。しかし，環境コストが貨幣的に計測されたとしても，またそれを原因者が負担したとしても，環境には不可逆的損失を与えることに注意しなければならない。

さらに，環境コストの内部化を目指した環境政策は，環境コストの内部化が不十分な現状のもとでの「競争力」を変更する可能性があるものとして，自由貿易に対する障害として誤ってとらえられる場合がある。また，国際取引が主たる要因となって絶滅の危機に瀕している野生生物の保護などの場合のように，直接，貿易規制が必要な場合もある。このような場合にはとくに，環境政策と貿易政策の調整を通じて環境と貿易の問題に対処することが必要である。

国際的な検討の方向は，環境保全と貿易が相互に及ぼす影響を分析しつつ，

持続可能な開発の実現に向け，いかに環境政策と貿易政策を相互支持的なものとしていくかに向けられている。貿易の環境へのマイナスの影響を最小にし，プラスの影響を最大にするために必要な環境政策のあり方，および環境政策上の要請と自由貿易の要請が衝突する場合の調整が課題である。

貿易と環境に対する関心層は大きく二つに分けることができる。一つは環境重視の立場であり，貿易の自由化により世界的レベルでの環境破壊が加速されると懸念する立場である。エビの養殖は東南アジア，東アジアで有力な輸出産業となったが，マングローブ林の破壊，地下水の汲み上げによる水質汚濁が生じている。また熱帯木材の貿易を通じての熱帯林の減少など，自然破壊の拡大が懸念されている。

第二は自由貿易擁護派の立場で，それは環境保護を目的とした各国の環境基準や環境規制が実際には輸入制限的な措置として機能し，結果的には国内の保護主義的勢力の道具になるのではないかという懸念をもつ立場である。環境保全目的で行われるパッケージングやラベリング規制が結果として貿易に悪影響を与えることにより，国内産業保護の可能性が指摘されている。

エコラベル（環境ラベル）は，日本を含む二十数ヵ国ですでに実施されており，環境に与える負荷の少ない製品の市場への浸透を促すうえで大きな役割を果たすことが期待されているが，エコラベルの認定基準が外国企業を差別したり，浸透性を欠いた場合に不当に輸入を阻害する恐れがある。

自由貿易か環境かという二者択一はきわめて難しい問題である。自由貿易は財とサービスの国境を越えた取引を活発にする。当然のことながら資源は生産のためにより多く消費し，さらに産業廃棄物は生産の過程と消費の末端で増大する。しかし，過去20年以上にわたって貿易の成長率が経済成長率よりも高いという事実は，現代の国際経済において貿易が各国経済にとっていわば成長の要因であることを意味している。そして安定的な成長なしには実効的な環境保全は困難であろう。

自由貿易のシステムが大きく変えられたなら，成長の要因である貿易は先細りとなって，資源はセーブされて廃棄物も減るかもしれないが，逆に環境保全

に向けた投資や事業も低下するだろう。要するに，環境負荷を可能なかぎり抑制するかたちで産業政策や通商政策を各国が策定し，環境保全の措置がもちうる貿易に対する制限をできるだけ少なくすることが求められている。しかし，現実の国際貿易においては発展段階の異なるさまざまな国民経済が繁栄と経済的安定を求めて競争しており，このことが貿易と環境を巡る国際的交渉を複雑にしている。

環境保全のための貿易制限措置はすでに述べたように，多くの多国間環境協定で認められている。また，各国が設ける環境基準や環境ラベルの使用は自由貿易を制限するが，WTO協定ではGATT第20条（人，動物または植物の生命または健康の保護のために必要な措置など）が環境保全に関連して，自由貿易に対する例外規定として存在する。

一方，WTOでは貿易の技術的障害に関する協定（TBT協定）により，商品の規格が環境の保全のために用いられるのはよしとされる。しかしこの規格の内容が輸入品に対して厳しく，そして恣意的な技術的貿易障害とならないように環境・貿易政策の調整を求めている。このように環境保護のための貿易制度と，自由無差別な貿易ルールとの間にはあまりにも多くの検討されるべき課題がある。

さらに，途上国の開発と環境との調和が問題を複雑にしている。特定の環境汚染（硫黄酸化物など）の排出と所得水準との間には図7.3のようなクズネッツの逆U字形の関係があることが指摘されている。

経済が成長するにつれて化石燃料多消費型産業が拡大し，環境汚染物質を多量に排出する産業構造となる。その後は経済成長により，環境保全への認識度の高まりとともに環境保全の技術進歩が経済成長と環境破壊の連鎖を断ち切るようになる。

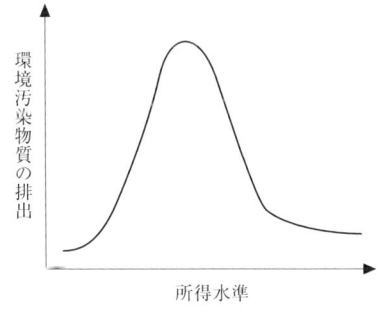

図7.3 クズネッツの逆U字曲線

このような変化に直面する途上国にとっては，環境保全のために開発が犠牲になることは，途上国としては同意できないものである。途上国の主張は，経済成長を追求し資源を過剰に消費し廃棄物を放出してきたのは先進国であり，先進国にこそ今日の環境問題の責任があるというものである。これに対し先進国は，環境問題は全世界共通の問題であること，途上国が環境保全対策を怠れば地球環境の悪化は取り返しのつかないほど進んでしまうというものであった。

経済成長を巡るこれまでの概念は，多くの面で環境破壊をともなうものであった。しかし自由貿易と環境保全とは両立しうるものである。自由貿易により効率的な財供給を行うことが環境保全につながることはいうまでもない。重要なのは前述したように環境費用を適切に内部化することであり，グローバルなベースで優れた統治システムを構築することであろう。

3 GATT/WTOにおける環境への取組み

WTOの新貿易交渉を立ち上げるために1999年アメリカ・シアトルにおいて第三回閣僚会議が開催された。この閣僚会議の中心的テーマはWTOにおいて新貿易交渉を開始するか，開始すればどのような分野についてどのような方式で行うかという問題であった。しかし，この会議では予想を裏切り最終的に意見の調整がつかず，新しいスタートを切るには至らなかった。このとき，WTOとはほとんど無縁であった非政府組織（NGO），市民団体，労働組合などが反自由化，反グローバリズムのキャンペーンを行った。このことは環境と貿易，労働と貿易といった市民社会から提起されている問題にWTOがいかに対応するかについて合意が形成されていないことを示している。

これに加えて決裂の原因を日本エネルギー経済研究所理事長坂本吉弘氏は，さらにつぎのように指摘している。

まず，交渉の最重要課題にかかわるパッケージの大きさである。農業，サービスなどすでに交渉開始が決まっている分野中心の小さなパッケージを主張するアメリカと，投資ルール，競争ルールの策定や反ダンピングの乱用防止などを含めた包括的なパッケージを主張する日本および農業問題なので比較的に緊

密に連携してきているEUとの対立が最後まで解けなかったことに加えて途上国間の利害がこれに複雑に入り組んだ。

　また，多くの途上国はウルグアイ・ラウンドの合意が，途上国に不利になっていること，約束されたはずの市場開放などが十分に実現されていないことに強い不満があった。したがって，交渉を開始する前提として，ウルグアイ・ラウンドの実施問題の解決を優先すべきだと主張したが，こうした要求に対して十分な解決が図れなかったのが原因とされる。[9]

　貿易と環境は，1996年12月のWTO第一回閣僚会議（シンガポール閣僚会議）での主要議題の一つとなっており，WTOのすべての加盟国から構成されるCTEの活動を継続することを決めている。この会議で建設的な提案がなされたが，ほとんど継続審議となったように問題の難しさが浮き彫りにされたのも事実である。このようにCTEが提出した審議レポートに対して参加国内の意見の違いが顕在化したことに加え，CTEの審議事項の全てでバランスよく成果をあげることを求める途上国側と，MEAsに基づく貿易制度措置やエコラベルといった討議事項での成果をあげることを優先すべきとする先進国との間で立場が分かれてきた。加えてWTO加盟国が136に達しており先進国と途上国さらには途上国間においても所得水準の格差があり，多国間での合意が得られにくくもなっている。

　このように貿易と環境の相互関連は複雑な問題であるが，何らかの国際的に合意の取り決めを作らなければならない状態に国際社会は直面しており，この意味においても136ヵ国という加盟国を抱えるWTOへの期待は大きい。

　しかしこのような状況下で，世界的に環境規制が強化されるとともに，環境政策が自由貿易の障害となる可能性が高まって，一部表面化している。

　エネルギー効率の向上，エネルギー関連産業分野の改革，二酸化炭素，メタンなどの排出削減の目標を盛った1997年「京都議定書」[10]を順守するための対策が目白押しとなるなかで，自由貿易の推進を標榜するWTOの制度と環境政策の相克が先鋭化しつつある。その論点をあげてみよう。

　第一の論点は輸入の禁止，制限という直接的な貿易制限措置で，政府による

一方的な貿易措置と環境に関する国際条約の二つがある。GATTの第11条は数量制限の一般的廃止を規定しているが，逆に第20条で一般的例外として一定の要件を満たす場合に例外措置を認めている。その「一般的例外」はつぎのような規定となっている。

「この協定の規定は，締約国が次のいずれかの措置を採用すること又は実施することを妨げるものと解してはならない。ただし，それらの措置を，同様の条件の下にある諸国の間において任意の若しくは正当と認められない差別待遇の手段となるような方法で，又は国際貿易の偽装された制限となるような方法で，適用しないことを条件としている。(中略)(b)人，動物又は植物の生命または健康のために必要な措置，(中略)(g)有限天然資源の保存に関する措置。ただし，この措置が国内の生産又は消費に対する制限と関連して実施される場合にかぎる。(以下略)」

ここでの争点は，貿易相手国の環境基準の低さを理由にした貿易制限措置が例外的に認められるかであるが，一般協定第20条はこのように例外規定であり，適用除外となるための条件をクリアすることは容易ではない。そのため上記の(b)項や(g)項を正当化の根拠とした輸入制限はことごとくGATTの紛争処理パネルでGATT違反と認定された。なお環境条約に基づく措置（たとえばオゾン層保護に関するモントリオール議定書のもとでの輸入制限）についてはWTOのCTEで検討されている。

第二は，環境保護目的の課税や規制と，輸入品と国産品と差別しないこと（内国の課税及び規制に関する内国民待遇＝GATT第3条）との兼ね合いである。ポイントはこの種の課税などが輸入品に差別的かどうかであり，そうであればGATT違反となる。これはEUがアメリカを提訴したケースであるが，GATT第3条を巡って争われた例は，アメリカの，①高燃費車税，②自動車メーカー・輸入業者ごとに平均燃費を一定レベル以上にする規制（CAFE規制）などがある。

EUはアメリカのこのような課税制度が実際には，大型車で燃費効率の悪い自動車を主として輸出している欧州系のメーカーにとって差別的効果を有して

第7章　貿易と環境との視点　167

おり，GATT 第3条に規定している内国民待遇に違反しており高燃費車税とCAFEについては同20条の(d)この協定の規定に反しない法令（税関行政に関する法令，第2条4及び第17条の規定に基づいて運営される独占の実施に関する法令，特許権，商標権及び著作権の保護に関する法令並びに詐欺的慣行の防止に関する法令を含む）の遵守を確保するために必要な措置や(g)有限天然資源の保存に関する措置。ただし，この措置が国内の生産または消費に対する制限と関連して実施される場合に限る，としたこの2項でも例外として正当化できないとしている。

　この提訴により紛争処理パネルが設けられた。小委員会の判断は，①については内国民待遇ではないとしたが，②はGATT違反となった，結論に至る考え方が異なっているため，今後同様の事例が起きた際に結論がどうなるかの予測は難しい。

　①の考え方は国産品保護の目的と効果をもたなければ内国民待遇ではないとされるので，どちらかというと環境保護に傾斜した判断である。なおCAFE規制が輸入車（この場合同程度の燃費の自動車）を差別しているとされたのは，平均燃費の算出時に，国産車の場合は同じメーカーの低燃費の車と平均できるのに，輸入車の場合はできない点だった。

　第三は，環境保護を目的とした規制（法規）や基準（環境ラベルのような任意の規定）が意図的でないにせよ，結果として貿易障害になるケースである。これについてはWTOのTBT協定で，①国内規制・基準が貿易の制限を意図してはならない，②環境保護のような特定の目的のために独自の規制を実施できるが，その場合でも規制しなかった場合の環境破壊と過度の規制による貿易阻害の両方の影響を考慮すべきだと規定している。

　各国で環境規制が強化されるにつれて，最も問題になるのはこの第三の論点だろう。現に廃家電や自動車燃費に関してTBT協定との関係が問題となった。

　廃棄物政策として現在最も注目を集めているのが，生産者による回収・リサイクルを軸とした拡大生産者責任といわれている手法である。EUはこの思想に基づき1998年に生産者の責任を重くした廃電気電子機器指令原案を発表，

実施に向け調整中である。

これについては対象範囲が広いこと，再利用・リサイクル率が70％（テレビなど），90％（エアコンなど）と高いこと，鉛など特定有害物質の使用を禁じたことなどがTBT協定に違反する恐れがある，日米の政府・産業界から抗議を受けた。それを反映するかたちで二度に渡ってEU案が修正されてきた。

具体的には1999年2月に日本の通産大臣が再考要請したのを始め，8月にはアメリカも書簡でWTO協定違反の恐れを指摘した。さらに両国は，TBT協定の協議の場で，同様の懸念を表明している。他方産業界は在欧日系企業ビジネス協議会を中心に，EUに働きかけるとともに，米欧の同業者と組んで共通の主張を発表するなど活発に動いている。

一方，2001年4月に施行される日本の家電リサイクル法（正式名称「特定家庭用機器再商品化法」）に関してはこうした動きはみられない。その理由は，対象が当面は冷蔵庫など四品目にとどまること，リサイクル率も50～60％と現実的なこと，輸入業者への配慮（指定法人への委託）などによる。

つぎに自動車である。1999年7月，欧州委員会と欧州自動車製造業者協会（ACEA）は温暖化対策として二酸化炭素排出量を走行距離1km当たり140gに抑える自主協定を締結した。並行して競争上の理由から日本の自動車工業連合会にも同様の協定を結ぶように求めた。

ディーゼル車（二酸化炭素排出が少ない）に比べガソリン車が多い日本にとって相対的に不利な内容だったが，自動車工業連合会が1年遅れでの実施に同意したので，貿易問題は表面化しなかった。他方，日本の温暖化対策として1999年4月に省エネ法（正式名称「エネルギー使用の合理化に関する法律」）が強化され，これに沿って自動車についてトップランナー方式が導入された。

この方式は，燃費について重量別に原則として最高の車種にそろえるように求めるものである。これに対して，アメリカとEUからTBT協定に基づく協議の申し込みがあった。アメリカの主張は，この方式が輸入車に差別的で内国民待遇に違反する恐れがあり，基準値が環境目標を達成するうえで必要以上に厳しい，というものである。

GATT 第3条ではなく TBT 協定上の協議ということは，内国民待遇の問題よりも不必要な貿易障壁に当たるかどうかが焦点である。この点を巡っては，CAFE 規制と異なりこの方式は国産車と輸入車の間に明確な差別的規定は設けていないし，車種重量区分は実質的に輸入車に差別的に働いてもいないので，シロといえるが，アメリカなどの動向は引き続き注意を要する。

この措置の必要性はどうか。1998年の日本の二酸化炭素排出量（エネルギー換算）は1990年比105.4％と前年度より減った。しかし特段の対策を打たない場合，2010年には120％に達すると予測されており，京都議定書の順守（6％削減）に向け日本はきわめて厳しい状況にある[11]。つまり，1990年比で27％削減せねばならない。日本の主な削減策は，産業界が自主的に削減する経団連の自主行動計画および省エネルギー法の強化である。こうした点を考えれば，この方式は環境目的の達成にまさに必要な措置である。

2000年11月にオランダのハーグで開催された気候変動枠組条約第六回締約国会議で京都議定書の発効に向け前進が期待されたが，議定書実行のためのルールづくりに失敗し，残念な結果に終わった。しかし貿易（または直接投資）への影響が先鋭化しつつある。考えられる点を列挙してみよう。

各国は独自の国内政策で対応するが，政策実施に際し輸入品や外国企業を意図的でない場合でも差別的に扱うことが起こりうる。たとえば炭素税を採用した国からそうでない国への輸出は困難になる（国境税の調整は事実上難しい）。また，国内で二酸化炭素などの排出権取引を実施する際，既存企業に従来の二酸化炭素排出量の一定割合を排出権として配分した場合，外国企業の参入障害となる。

さらに，税や排出権の割当てに際し，戦略的に重要な自国産業の保護を目的に，特別措置を認めるケースは少なくない。こうした政策をとる国とそうでない国の間には深刻な競争上の問題が生じよう。加えて廃自動車の処理に関するEUの指令案などのように，循環型社会を目指して先進国を中心に廃棄物関連でも規制の強化が続いている。

地球環境問題は21世紀の人類が直面する最大の課題の一つである。われわ

れは21世紀を「破壊なき文明」の時代にすべきでありそれには地球規模での健全な統治と環境の保全を図るシステムづくりが求められている。それらとともに自由貿易の重要性もいささかも揺らぐことのない原則である。WTO体制のもと，先進国ならびに途上国は摩擦ではなく協調を基礎に，貿易と環境の両立に全力をあげるべきであろう。

注
1) 多国間環境条約（MEAs）は現在約130あり貿易措置を含むものが18で，そのなかにこれらが含まれている。またMEAsは環境保護のため特定の物品の輸出入を条約に盛り込む場合がある。それが環境関連貿易措置で，代表的なものが下記の三つである。絶滅の恐れがある野生動植物およびそれらの一部が使われる製品の輸出入を禁じている。サイ角やオウムなど乱獲の要因になっており，ワシントン条約のもとで貿易の管理が行われている。また有害廃棄物については1989年バーゼル条約が採択された。これにより有害廃棄物の越境移動を制限している。輸入国において処分できない場合には回収義務があり，事実上輸出の禁止といえる。またMEAsの貿易制限措置のモデルケースともいわれるモントリオール議定書の場合，非締約国がオゾン層破壊物質を使用した製品を輸出することにより議定書の実効性が阻害されるため，第4条「非条約国とも貿易の規制」で，オゾン層を破壊するフロン，ハロンなどの物質の輸出入を禁じている。
2) 1991年にアメリカが敗訴したこの事件は，アメリカのイルカ保護とイルカを結果として混獲するメキシコ産のマグロの輸入を禁止することの，是非を争う事件であった。アメリカの輸入規制がGATT違反とされたことに対して，世論の反発は激しいものがあった。
3) ウルグアイ・ラウンドは1993年12月15日，ジュネーブのGATT本部において決着をした。そのGATTに代わって，世界貿易のいっそうの自由化を実現するための国際機関WTOは多角的な貿易のルールを実現することになる。WTO設立協定前文における環境に関連する文面は「この協定の締結国は，（中略）経済開発の水準が異なるそれぞれの締結国のニーズ及び関心に沿って環境を保護し及び保全し並びにそのための手段を拡充することに努めつつ，持続可能な開発の目的に従って世界の資源を最も適当な形で利用することを考慮し，（中略）次のように協定する」として環境保護への必要性に言及している。なおWTOには2000年5月現在136ヵ国が加盟しており，加盟申請中の国は30にも及ぶ。
4) 1993年6月に「貿易政策と環境政策の統合のための手続きに関するガイドラ

イン」がまとめられ閣僚理事会で承認された。同ガイドラインは，(i)環境と貿易に関する政策決定の統合，非政府関係者との協議，情報公開の推進，(ii)貿易及び環境に関する検討，審査及び事後点検，(iii)越境的，地域的，地球規模の環境問題に関する国際協力，(iv)紛争処理に際しての環境，貿易，科学等の専門知識の考慮，の四点について各国政府が従うべき指針を示し，手続き面から環境と貿易の相互支持化を目指している。

5) OECDでは汚染者負担の原則，すなわち公害対策費用を汚染者（個人，企業）自らが費用を負担するという原則を確立しており，ISO14000シリーズもこの考えをベースにしている。

6) これら三つの多国間協定の問題点については，佐々波楊子・中北徹編（1997）を参照せよ。

7) このようにGATT第20条(b)項に「人，動物または植物の生命または健康のために必要な措置」，また(g)項に「有限天然資源の保存に関する措置」が明記されていることが，「環境」の保護に必要な措置が含まれることと理解されている。これに加えて，GATT第3条の内国民待遇原則に基づいて行うことが環境の認識となっている。

8) 市場の失敗については，環境庁地球環境部監訳『OECD：貿易と環境』1995年，中央法規出版を参照せよ。

9) 坂本吉弘「WTO交渉開始，日本主導で」『日本経済新聞』2000年1月19日付。

10) 1997年の京都議定書は先進国と旧ソ連・東欧の温暖化ガスの2008～2012年の排出上限を定めている。日本の排出上限は1990年比で94％である。日本政府は，産業界の自主的削減や省エネルギー法の強化など規制的な対策をとっている。

なお，京都議定書は地球規模での気候安定化を目指した点で画期的なものであった。しかし2000年オランダのハーグに集まった当時と同じ参加国は，議定書実行のルールづくりに失敗している。

11) 日本が国内削減のみで議定書の目標を達成すると，どの程度の費用が必要なのか各国の学者や国際機関などの試算によると炭素税の場合，炭素1t当たり300ドル前後かかる。2010年前後で国民1人当たりの炭素排出量が2.7tなので，1人当たり毎年810ドルの税がかかることになる。

引用文献

OECD編／環境庁地球環境部監訳（1995）『OECD：貿易と環境』
外務省経済局（1997）『WTOサービス貿易一般協定』

外務省経済局（1998）『WTO サービス貿易一般協定』
環境庁（1999）『平成11年度環境白書』
佐々波楊子・中北徹編（1997）『WTO で何が変わったか』日本評論社
通産省（1999）『平成11年度通商白書』
津久井茂充（1997）『WTO とガット』日本関税協会
『貿易と関税』2000年1月〜8月号
三井物産貿易経済研究所（1995）『WTO 日本経済はどう変わるか』日本能率協会
"Economic Effects of Services Liberalization : Overview of Empirical Studies," S/C/W/26Add.1（29 May 1998）
"Energy Services," S/C/W/53（9 Sep. 1998）
"Financial Services," S/C/W/72（2 Dec. 1998）
"High Level Symposium on Trade and Environment," WTO（15-16March 1999）
"Telecommunication Services," S/C/W/74（8 Dec. 1998）
"The Services Sectoral Classification List," MTN.CNS/W/120.

なお，本章の作成に当たり WTO のホームページを参考にした。WTO のホームページは http://www.wto.org/ である。

第 8 章　環境共生型ライフスタイルと消費者環境教育

　日々の暮らしを営むなかで少しばかり厳しい言い方をすれば，われわれが意識せぬままに「犯している」環境負荷の実態を探るとともに，その原因であるライフスタイルとのかかわりについて検討する。ライフスタイルのグリーン化に向けての効果的な誘因となるはずの環境教育の現状も，後半に探る。ようするに本章は，われわれの生き様を写し出すライフスタイルに接近し，21世紀においてそのありうべき方向性を探ろうとするささやかな試みである。

1　消費行動と資源・環境
(1)　消費行動と資源・エネルギー問題

　日本において便利さと快適さを追い求めるライフスタイルが津々浦々にまで定着しはじめたのは高度経済成長期で，以後，急速に広がった。それは多量の資源・エネルギーを消費し，また大量そしてそれまでとは質の異なる廃棄物を出すこととなった（表8.1）。

　なかでも1980年代に入ってからの，洗剤公害，空き缶公害，ごみ問題などを代表例とする，日常生活にともなう環境負荷の増大，いわゆる都市生活型の環境問題の発生は，われわれ一般市民が被害者であると同時に，また加害者でもあるという特徴を有する。

①　電気・水・ガスなどの資源と消費生活

　家庭からの二酸化炭素排出量は増加傾向にある（『環境白書』2000年版，149～151ページ）。これは家庭電気製品や自動車などの大型化，高級化などとともに，大量普及によるものである。"欲望の20世紀"のアイドル的存在で，別名"20世紀の恋人"とも呼ばれる自動車の場合，たしかに省エネルギーの技術も進んできており，一台当たりのエネルギー消費量は減ってはいるものの，一家

表 8.1 高度経済成長期以前と以後のごみの変化

種類	戦前から高度成長期に至る時代	高度成長期以降の時代
紙類	・新聞紙や図書も少なく，ほとんどが古物商などに引き取られた。 ・包装紙なども保管され再使用。 ・買い物かごでの買い物がされ，紙袋などもなかった。	・買い物かごは紙袋やプラ袋に変わった。 ・昭和30年頃発刊の月刊マンガも週刊となり，週刊誌とともに大量発行される。 ・新聞の増刷・増ページ，紙広告の増大，過剰包装，コピー紙等の増加が進んだ。
厨芥類	・米，野菜，魚などは個別に買われ，そのほとんどが利用された。 ・ただし，当時の排出ごみのかなりの部分を占めていた。	・スーパーなどでの買い物が主流となり，冷凍食品，インスタント食品，トレーでの購入などにより，厨芥類自体は増加しなかったが，多量の包装資材が流通・消費のなかで発生してきた。
プラスチック類	・戦前のセルロイドを除くとほとんど家庭生活には入っておらず，昭和30年でもその生産量は，わずか10万トンに留まっていた。	・今日では1000万t以上が生産され，家電製品などの耐久消費財，食器，ポリ袋，ペットボトル，トレーなど生活の隅々に浸透し，700万tほどが排出される。
金属類	・古物商での引取りルートが形成されており，ごみとしての排出は少なかった。	・古物商での引取りルートは崩壊し，ごみとして排出されるようになった。 ・飲用缶やその他食料缶（缶詰・菓子缶・のりなどの缶）が大量排出される。
ガラス・陶磁器類	・醤油・酒などは酒屋に一升びん等をもっていき，中身のみ購入した。 ・牛乳びんも宅配で回収された。 ・化粧びんなども少なく，壊れた陶器類などの排出に留まった。	・多くが，プラスチック類や紙などの使い捨て容器に置き替わった。 ・びん類もデザインが重視され，リターナブルびんの比率は下がり，ほとんどがごみとして排出されるようになった。
粗大ごみ類	・家電製品などもなく，物を大事にする習慣も定着しており，粗大ごみはほとんど排出されなかった。 ・家具なども不要になると壊して風呂の燃料などに活用された。	・家電製品をはじめ，自転車，OA機器，家具，寝具，スポーツ用具など多くの製品が粗大ごみとして排出されるようになった。
その他	・不燃物系では，煉炭かすなどが排出されていた。 ・厨芥類や紙類，庭木や木製家具などは庭や路地などの焚き火に供されたり，燃料材としての利用，庭での埋立てなどで対処されたものも多い。 ・豆腐なども容器をもって買うなど，包装や梱包系のごみはほとんど発生しない生活様式であった。	・煉炭などは，都市ガスや電気に代わり，排出されなくなった。 ・庭木や落ち葉なども堆肥化や燃やすなどの空間の不足からごみとして排出されるようになった。 ・外食産業の拡大により，家庭から排出されていた厨芥類の一部がレストランなどからの排出に転化した。 ・乾電池や蛍光灯などの有害物質含有製品が大量に消費・廃棄されるようになった。

に一台が一般的だったものが，二台ももつようになれば，削減効果は打ち消され，石油燃料の消費量は増え，結果として二酸化炭素排出量が増えるのは当たり前といえよう（『環境白書』2000年版，第1章第2節）。

② 水の使用と消費生活

台所や風呂，水洗便所などの水まわりにおいて使用した水は，生活排水として河川や海，湖沼に流れ込む。その際，そのなかに含まれている有機物や栄養塩類が有機汚濁や富栄養化という水質汚濁を招くといわれているが，実際，水質汚濁におけるその負荷の割合は大きい。『環境白書』（2000年版）によってCOD（化学的酸素要求量）でみると，湖沼で3割前後，閉鎖性海域では5〜7割にも達している。BOD（生物化学的酸素要求量）でも，生活雑排水が7割を

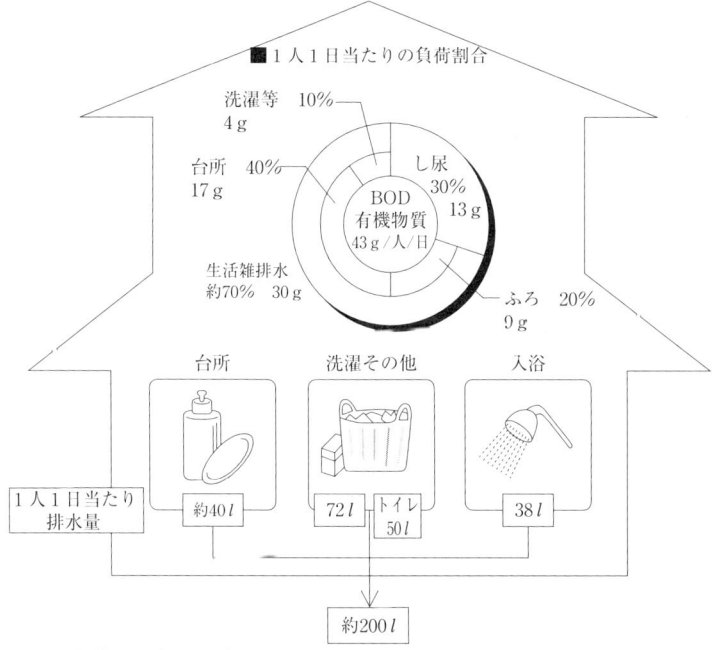

■1人1日当たりの負荷割合

洗濯等 10% 4g
台所 40% 17g
し尿 30% 13g
BOD 有機物質 43g/人/日
生活雑排水 約70% 30g
ふろ 20% 9g

台所 約40ℓ
洗濯その他 72ℓ
トイレ 50ℓ
入浴 38ℓ

1人1日当たり排水量 約200ℓ

BOD：水質汚濁の度合いを表わす数値の一つ。生物化学的酸素要求量（Biochemical Oxygen Demand）の略。水中のさまざまな物質をバクテリアが分解する際に消費される酸素の量で示され，値が高いほど汚濁が進んでいることを表わす。

出所：環境庁『環境白書』2000年版，148ページ

図8.1 生活排水と生物化学的酸素要求量（BOD）の割合

占め，3割のし尿の倍以上である（図8.1）。これは台所から出る油脂などは汚濁負荷量が大きいためである。

③ 科学物質の環境リスクにどう対処するか

日々の食事をとおして農薬が，あるいは大気に散らばっているそれを通じてどのように人体に影響を与えるのか，われわれの不安は少なくない。微量な化学物質が日常的に環境に対して影響を及ぼし，大きなダメージを与える確率を環境リスクというが，化学物質のもつ利便性を大いに利用している現代生活が抱えるこの問題は，看過すべからざるものと考える。

問題を複雑にするのは，リスクのまったくない化学物質はないのだが，それをわれわれ消費者がどの程度理解しているのかで，不安度が決定的に異なることである。そこでいまリスクが未知か既知か，またそのリスクを企業が制御できるのかできないのかで，図8.2のように平面上を四つの象限に分けてみた。むろん消費者がリスクを理解し，企業もそれを制御できる第Ⅳ象限が，目指すべき領域となる。その対極の領域が第Ⅰ象限で，現在の状況がそこにあるとすれば，そこから第Ⅳ象限へどのようにベクトルをもっていけばよいのかを示している。

そのルートは二段階に分かれ，市民・消費者に化学物質への理解を求めるルートが第一段階で，それには環境教育などによるリスク教育が要求される。

もうひとつは，企業のリスク管理への市民の理解とでもいうべきもので，企

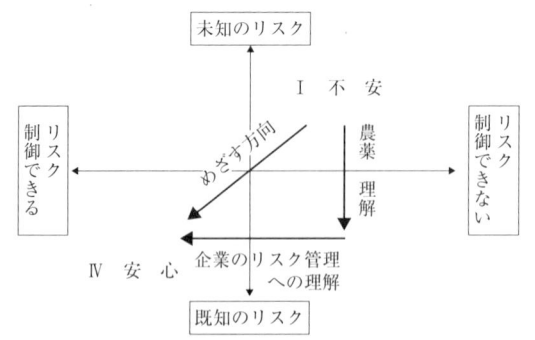

出所：『日本経済新聞』2000年5月17日付

図8.2　環境リスクにどう対処するか

業と消費者・市民とのコミュニケーションが不可欠といえよう。そしてその前提となるのが，情報の開示である。情報の非対称性の顕著なこの領域では，情報の開示なくして両者の意志疎通はありえない。

(2) 環境共生型ライフスタイルの確立

暮らしをとりまく環境の現状をかいまみてきた。なんとかせねば，と多くの人が思う。だが環境共生社会をつくるにはどのようにすればいいのだろうか。おそらく接近方法はいくつもあるはずだが，われわれはまずは身近なライフスタイルとの関連から，考えてみようと思う。

① ライフスタイルの変化とごみ問題

ごみ問題が社会的に大きく取り上げられるようになったのは，1985年以降のことである。表8.1でみたように，ごみが増えたこと，多様なごみが出るようになったこと，その結果，ごみの容積が大きくなり，ごみの処理費が高くな

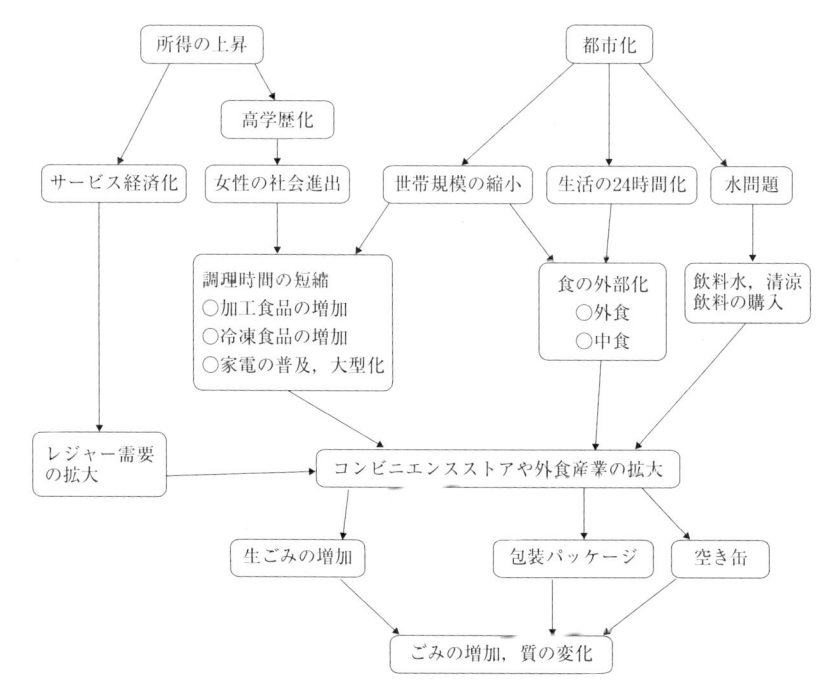

図8.3 ライフスタイルの変容とごみの生成：フローチャート

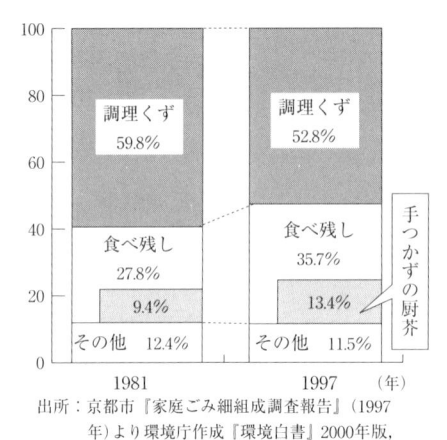

```
        100
         80    調理くず      調理くず
              59.8%         52.8%
         60
                                       手
         40                            つ
              食べ残し      食べ残し    か
              27.8%         35.7%      ず
         20                            の
               9.4%         13.4%      厨
              その他12.4%   その他11.5% 芥
          0
              1981          1997    （年）
```
出所：京都市『家庭ごみ細組成調査報告』(1997年)より環境庁作成『環境白書』2000年版，141ページ）。

図8.4 台所ごみの中身の変化
（湿重量比：京都市の例）

ったこと―1 t 当たり4,5万円が全国的な相場―，そして決定的なことはダイオキシンの検出や処分場の枯渇などの最終処分場の問題が出てきたことなどが，その理由としてあげられる。[1] ごみの多量化，多様化は，24時間活動し続ける都市的ライフスタイルや女性の社会参加による家事労働の減少，それらにともなうコンビニエンスストアの増加などによると思われる。その背景には単身世帯の増加による世帯数の増加が存在するが，それらの因果関係をフローチャートで示したものが図8.3である。

ちなみに台所ごみの組成をみてみると（図8.4），外食化によって食べ残しが28％から36％と増える一方，調理くずが60％から53％へと減っている。ライフスタイルの変化を如実に映し出している。

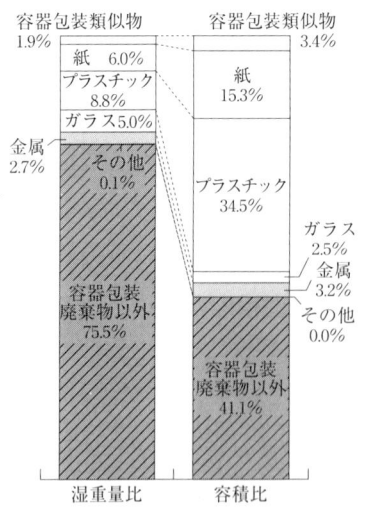

```
    容器包装類似物        容器包装類似物
       1.9%                 3.4%
       紙 6.0%              紙
       プラスチック         15.3%
       8.8%
       ガラス5.0%
    金属
    2.7%  その他            プラスチック
           0.1%             34.5%

                            ガラス
                            2.5%
                            金属
          容器包装           3.2%
          廃棄物以外         その他
          75.5%             0.0%
                            容器包装
                            廃棄物以外
                            41.1%

          湿重量比           容積比
```
図8.5 家庭ごみ中の容器包装廃棄物の割合（1997年度）

② **容器包装リサイクル法**

一般廃棄物はプラスチックや紙が多いという特徴を有し，これらの多くは商品の容器および包装であり，当該商品が消費され，あるいは分離されたとき不要になったもの，すなわち「容器包装」である。容器包装廃棄物の割合は湿重量比では家庭ごみの4分の1，容積比ではそれらの6割に達する（図8.5）。

そこでごみを減らし，包装容器の再資源化を図るために「容器包装リサイクル

法」(正式名称「容器包装に係わる分別収集及び再商品化の促進等に関する法律」)が定められ，1995年6月に公布された。このことは，循環型社会への第一歩を歩み始めたものといえよう。この法律の特徴は消費者が分別・排出し，それを自治体が回収・選別したあと，事業者が引き取り，再商品化するという三者間の役割分担を明確にしている，という点に見出せる(図8.6)。ただドイツの例を引き合いに出すまでもなく，回収コストは行政が負担するということから，事業者の容器包装材削減への努力をたぶんに削ぐ仕組みとなっていることは再考の余地を残す。

実際，生産者責任の拡大(「拡

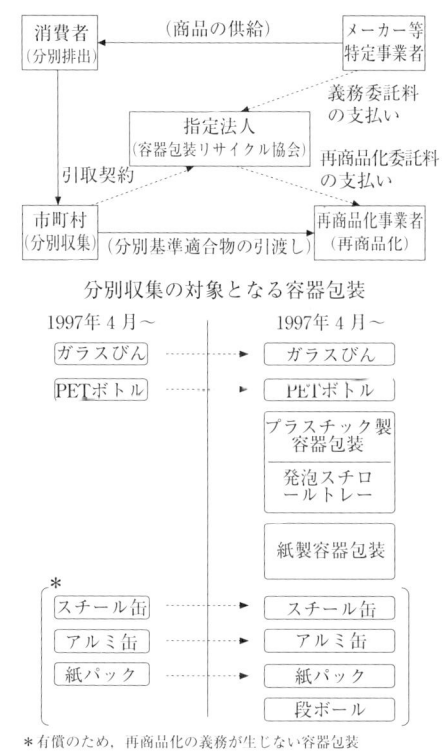

図 8.6 容器包装リサイクル法の基本的な枠組み

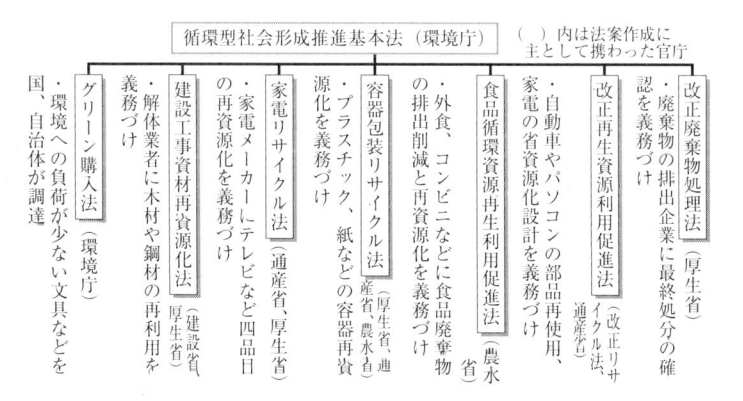

図 8.7 循環型社会に向けた関連法制 (2000年現在)

表 8.2 リサイクル関連法の仕組みと課題

	回収・リサイクルの仕組み	課題
容器包装リサイクル法 (97年4月施行, 2000年 4月に対象品目拡大)	ペットボトルなどを市町村が回収し, 事業者がリサイクル。費用はメーカーが製品価格に上乗せ	リサイクル費用を負担しない「ただ乗り」企業が続出する恐れ。自治体の回収・運搬費負担が重い
家電リサイクル法 (2001 年4月施行予定)	テレビや冷蔵庫など4品目が対象。使用済み製品を小売店が回収し, メーカーがリサイクル。費用は消費者が廃棄時に支払う	消費者の負担額をどう決めるか基準があいまい。不法投棄を助長する恐れ
循環型社会基本法案 (検 討中)	メーカーが回収・リサイクルの義務を負う「拡大生産者責任」を導入。対象品目などは個別法で検討	リサイクルを他社に押しつける企業が続出する恐れ

(『日本経済新聞』2000年2月12日付)

大生産者責任」)がリサイクルのポイントとなってきており,それまで省庁ごとにばらばらだったリサイクル関連法を統括する基本法(循環型社会形成推進基本法,図8.7)の焦点も,ここにある。ただ「ただ乗り」企業が出るなどの課題は残る(表8.2)。

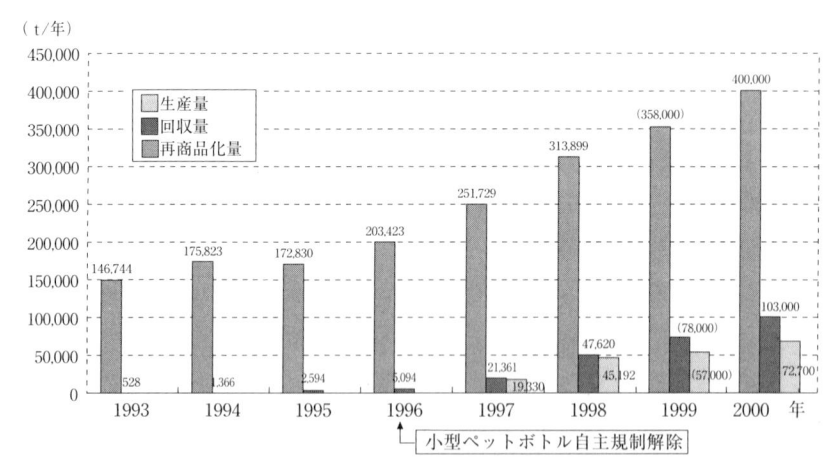

(t/年)

生産量 / 回収量 / 再商品化量

年	生産量	回収量	再商品化量
1993	146,744	528	
1994	175,823	1,366	
1995	172,830	2,594	
1996	203,423	5,094	
1997	251,729	21,361	19,330
1998	313,899	47,620	45,192
1999	(358,000)	(78,000)	(57,000)
2000	400,000	103,000	72,700

小型ペットボトル自主規制解除

＊上記の生産量は,飲食品用ボトルおよび非飲食品用ボトル全てを含む。( )内は改訂中,2000年は計画である。
出所:横浜市,厚生省,(財)日本容器包装リサイクル協会,PETボトル協議会等(植田「循環型社会をめぐる環境と経済」『ジュリスト』No.1184)

図 8.8 ペットボトルの生産量,回収量および再商品化実績の推移

③ 3Rの優先順位

リサイクルの重要性について触れてきた。たしかにリサイクルは効果的な環境共生行動ではある。しかしながら，リサイクル率を上げても生産量が増えれば，回収されない容器が増える可能性は十分に存在する。

実際このことは，ペットボトルの生産量，回収量および再商品化実績の推移を表わした図8.8からも伺いうる。たしかに回収量や再商品化は進みつつあるが，生産量はそれを超える勢いで増えている。

そこで，「環境負荷の少ない循環を基調とする経済システムの実現」（環境基

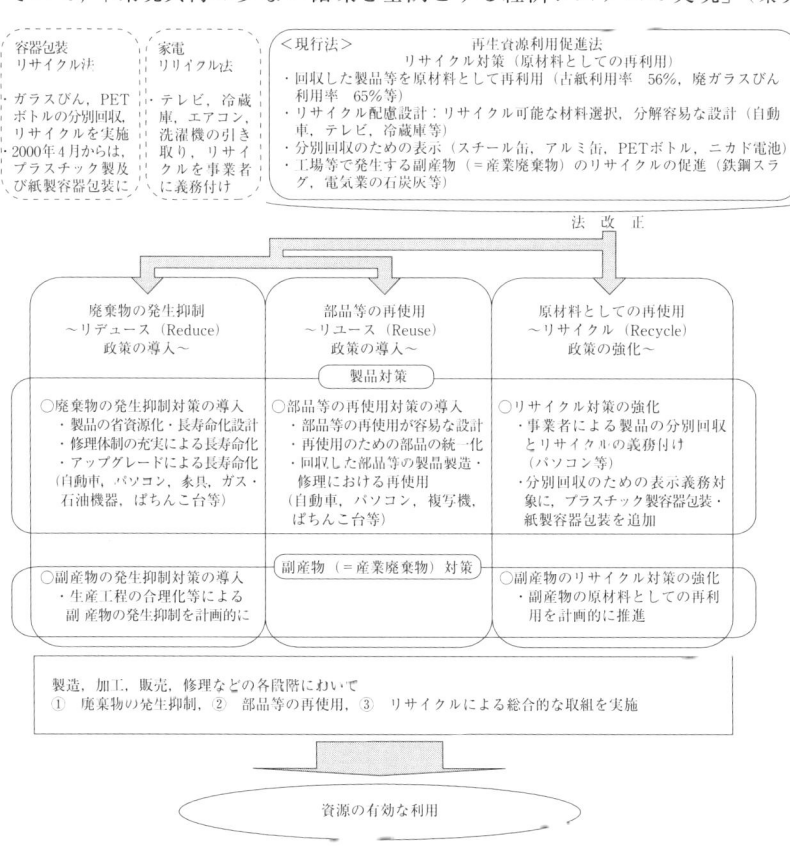

```
┌─────────┐ ┌─────────┐ ┌─────────────────────────────────────┐
│容器包装  │ │家電      │ │<現行法>    再生資源利用促進法         │
│リサイクル法│ │リサイクル法│ │         リサイクル対策（原材料としての再利用）│
├─────────┤ ├─────────┤ │・回収した製品等を原材料として再利用（古紙利用率 56%，廃ガラスびん│
│・ガラスびん，PET│ │・テレビ，冷蔵│ │  利用率 65%等）                      │
│ ボトルの分別回収，│ │ 庫，エアコン，│ │・リサイクル配慮設計：リサイクル可能な材料選択，分解容易な設計（自動│
│ リサイクルを実施│ │ 洗濯機の引き│ │ 車，テレビ，冷蔵庫等）                 │
│ 2000年4月からは，│ │ 取り，リサイ│ │・分別回収のための表示（スチール缶，アルミ缶，PETボトル，ニカド電池）│
│ プラスチック製及│ │ クルを事業者│ │・工場等で発生する副産物（＝産業廃棄物）のリサイクルの促進（鉄鋼スラ│
│ び紙製容器包装に│ │ に義務付け │ │ グ，電気業の石炭灰等）                │
└─────────┘ └─────────┘ └─────────────────────────────────────┘
                                      法 改 正
        ↓              ↓                ↓
┌─────────────┐ ┌─────────────┐ ┌─────────────┐
│廃棄物の発生抑制 │ │部品等の再使用   │ │原材料としての再使用│
│～リデュース(Reduce)│ │～リユース(Reuse) │ │～リサイクル(Recycle)│
│ 政策の導入～    │ │ 政策の導入～    │ │ 政策の強化～    │
│                 │ │   製品対策      │ │                 │
├─────────────┤ ├─────────────┤ ├─────────────┤
│○廃棄物の発生抑制対策の導入│ │○部品等の再使用対策の導入│ │○リサイクル対策の強化│
│ ・製品の省資源化・長寿命化設計│ │ ・部品等の再使用が容易な設計│ │ ・事業者による製品の分別回収│
│ ・修理体制の充実による長寿命化│ │ ・再使用のための部品の統一化│ │ とリサイクルの義務付け│
│ ・アップグレードによる長寿命化│ │ ・回収した部品等の製品製造│ │ （パソコン等）│
│ （自動車，パソコン，家具，ガス・│ │ ・修理における再使用│ │ ・分別回収のための表示義務対│
│ 石油機器，ぱちんこ台等）│ │ （自動車，パソコン，複写機，│ │ 象に，プラスチック製容器包装・│
│                 │ │ ぱちんこ台等）│ │ 紙製容器包装を追加│
├─────────────┤ ├─────────────┤ ├─────────────┤
│○副産物の発生抑制対策の導入│ │ 副産物（＝産業廃棄物）対策│ │○副産物のリサイクル対策の強化│
│ ・生産工程の合理化等による│ │                 │ │ ・副産物の原材料としての再利│
│ 副産物の発生抑制を計画的に│ │                 │ │ 用を計画的に推進│
└─────────────┘ └─────────────┘ └─────────────┘
                            ↓
┌───────────────────────────────────────┐
│製造，加工，販売，修理などの各段階において                   │
│ ① 廃棄物の発生抑制，② 部品等の再使用，③ リサイクルによる総合的な取組を実施│
└───────────────────────────────────────┘
                            ↓
                    ┌──────────┐
                    │資源の有効な利用│
                    └──────────┘
```

（「再生資源の利用の促進に関する法律の一部を改正する法律の概要」『ジュリスト』No.1184）

図8.9 資源有効利用促進法による新たなスキーム

本計画）には，まずはごみのみなもとを断つ，原材料の効率的利用などによる発生抑制（Reduce）こそが重要になる．つぎに，使用済み製品またはそのなかから取り出した部品などをそのまま使用するなどの，再利用（Reuse）できるものは行う．できるだけ長く使用する（Longuse）ことも大切だ．三番目に，使用済み製品などを再生して原材料として利用するリサイクル（Recycle）がくる．そしてそれでも出てくる排出物に対しては最後に適正処理，の順位で行動に移すことが必要となる．すなわち，

  ①発生抑制（Reduce）→②再利用（Reuse）→
  ③リサイクル（Recycle）→④適正処理

以上をまとめた資源有効利用促進法による新たな枠組みは図8.9のように描けよう．

 ④　**ライフサイクルアセスメント（LCA：Life Cycle Assessment）**

上述の「発生抑制」の発想からLCAが生まれた．環境に優しいと思ってや

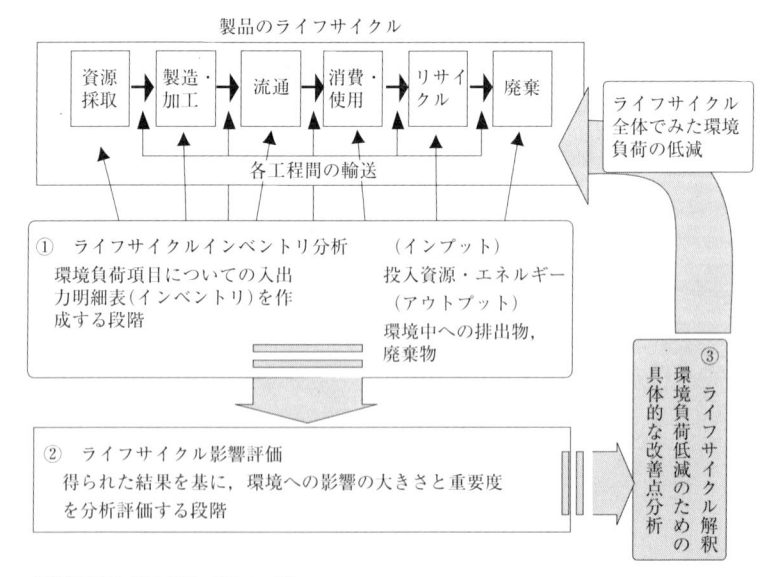

（『環境白書』2000年版，168ページ）

図8.10　ライフサイクルアセスメントの概念

ったリサイクルが，予想に反する結果を招く場合があり，そうならないようにするためには，製品の企画・設計のときからライフサイクル（原料採取―生産―流通―使用―リサイクル・廃棄）のすべてにわたっての環境負荷を定量的に評価し，そのトータルを最小にすればいい．LCAは，このような意図で考え出された手法である（図8.10）．

⑤　グリーン・コンシューマー：環境ラベルそして環境家計簿

a　グリーン・コンシューマー

生活の「入口」が買物という現代のライフスタイルのなかで，環境にやさしい生活行動をとる消費者を「グリーン・コンシューマー」という．といっても，そう身構える必要は，あまりない．今どき商品価格に大差がなかったら，その品質やサービスにもそれほどの差はないと考えていいはずだから，それならば品質の一部としてグリーン性を加味し，その商品を選ぼうと考えて，実行に移せばいいわけである．

と書いてはみたものの，グリーン購入に関する消費者の意識は『環境白書』（2000年版，第2章第3節）によれば，まだ十分に消費者行動の基準になりえていないようだ．

ところがである．購入の際，消費者主権を行使して，グリーンな商品でなければ買わない，となったらどうだろうか．この「経済的投票権」が大きくなればなるほど，生産者はグリーン・コンシューマーを無視することができなくなるはずである．要するに消費者がグリーンになることで，両者の間によい意味での緊張関係を生み，生産者や流通業者に環境保全への配慮を強く訴えることができるのである．

むろん，グリーン・コンシューマーには個人しかなれないわけではない．国や公的機関も物品の調達に際して環境に負荷の少ないものを選

図 8.11　環境ラベル

表8.3 都のダイエットノート（日常行動とCO_2排出量）

CO_2排出量は炭素（C）に換算した量

日 常 行 動	CO_2排出量の単位		CO_2排出量の単位×使用時間（回数等）
【共通カード】			（　　　）日
部屋の照明をつけた（8畳間の場合）	1時間	10g	
冷暖房装置を使った（石油ストーブ）	1時間	155g	
（ガスストーブ：8畳間の場合）	1時間	85g	
（電気カーペット）	1時間	60g	
（電気こたつ）	1時間	25g	
（エアコン暖房：8畳間の場合）	1時間	115g	
（エアコン冷房：8畳間の場合）	1時間	85g	
電話を使った	3分	5g	
テレビを見た（25型の場合）	1時間	15g	
ステレオやラジカセを使った	1時間	14g	
シャワーを使った	5分	100g	
風呂をわかした	10分	180g	
ドライヤーを使った	5分	10g	
洗顔・歯磨きに水を使った	3分	6g	
小　　計			
【炊事カード】			
冷蔵庫の扉を開閉した	10回	5g	
ガスコンロを使った	10分	10g	
電子レンジで解凍した	1分	2g	
炊飯した	1回	50g	
換気扇を使った	1時間	2g	
食器を洗った（水）	5分	7g	
食器を洗った（お湯）	5分	35g	
小　　計			
【掃除・洗濯カード】			
洗濯した	1回	50g	
乾燥機を使った	10分	20g	
掃除機をかけた	10分	20g	
小　　計			
計			
【外出カード】			
電車に乗った	5 km	25g	
バスに乗った	5 km	55g	
自動車に乗った	5 kg	320g	
計			
合　　計			

（『日本経済新聞』1998年6月5日付）

ぶことができる。グリーン購入法（2000年）はそれを目論むものである。

b 環境ラベル

グリーン購入の際，適切な情報の提供が必要となる。環境ラベルはその一つで，環境保全製品の普及を進めるため，日本環境協会が実施しているエコマークがよく知られている。図8.11として示しておく。また類似のマークもあるので押さえておきたい（同上）。

c 環境家計簿

購入から廃棄までの家庭の環境マネジメントについては，環境家計簿（表8.3）がわれわれの強い見方になってくれるだろう。節約した資源やエネルギーをCO_2排出量に換算した環境家計簿をつけることで，自らのライフスタイルがどの程度環境に配慮しているのかを，客観的に見つめ直す基礎データが得られ，生活改善を試みることができる。

⑥ エコひいきのモデル的ライフスタイル

実際に環境に配慮した生活とそうでない生活で環境に与える負荷の違いはどのようなものなのか，高月ほか（1998）によるモデル計算に基づく調査結果がある。

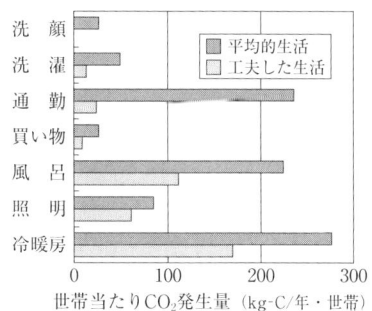

図8.12 ライフスタイルによるCO_2負荷の違い

出所：高月・酒井・水谷「ゼロエミッションシステムにおけるライフスタイルの模索」文部省科研費・重点領域研究『ゼロエミッションをめざした物質循環プロセスの構築』平成9年度最終報告会要旨集，A03-03）

表8.4 モデル的ライフスタイルの設定

	設　定	工夫した生活	平均的生活
洗顔		水での洗顔	冬場はお湯洗顔 1人朝シャン
洗濯		ためすすぎ 天日乾燥	流しすすぎ 乾燥機を週2回
通勤	片道5km	電車通勤	自家用車通勤
買い物		包装が少ないものを選択する	平均的買い物
風呂	250 l	温度を3度下げる 2日に1回はシャワー	毎日わかす
照明		朝型生活する（1時間の短縮）	夜遅くまで起きている
冷暖房		冷房設定を2度高く 暖房期間を短く 暖房設定を2度低く	平均的使用

大人二人と子ども一人の三人家族が生活のなかの代表的な場面において，平均的な生活を行ったときと，削減の工夫をした場合の比較を行っている。それによれば（図8.12），CO_2削減としては，自家用車による通勤をやめて電車による通勤にした場合が最も大きく影響が出ている。また家庭におけるエネルギー消費のなかで冷暖房に起因するCO_2発生が大きいため，冷暖房を工夫することによる効果も大きく出てきている。

総じていえば，実験結果を整理した表8.4の七項目について工夫した生活を行うことによって，項目平均で49％の削減，合計452kg-C/年のCO_2削減となることが示されており，思いのほか，エコひいきのライフスタイルのCO_2削減効果は高いことがわかる。

エコひいきのライフスタイルの形成には何がかかわっているのか，つぎにそれを検討してみる。

2 消費者環境教育

丸尾・西ヶ谷・落合によれば（1997），たとえば家庭ごみの排出量を大きく左右するものに消費者の環境に対する意識があり，そしてそれを醸成するには環境教育の存在が大きいといわれている（図8.13）[2]。理論的にも，図8.14に示

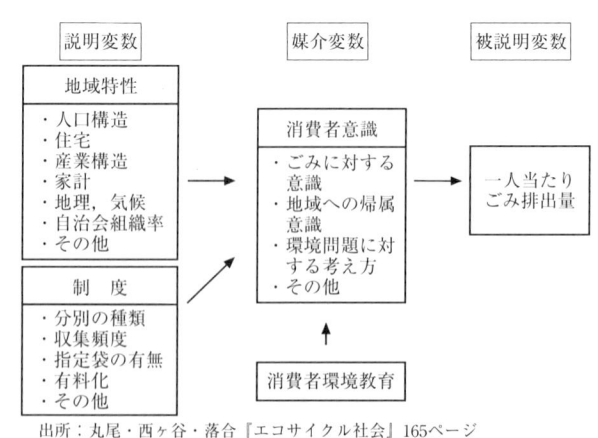

出所：丸尾・西ヶ谷・落合『エコサイクル社会』165ページ

図 8.13　家庭ごみの排出要因

すように，ごみ排出曲線の左へのシフト，ただし圧縮幅は定かではないが，相当程度の効果は認めうる。ここではこの環境教育について少し考察を加えておこう。

(1) 環境教育の軌跡

環境教育という用語や人間環境の問題が注目されだしたのは，人間環境会議の準備会議が提唱され，実行に移された1967・68年の頃のことであったと思う，と沼田（1982，2ページ）がいうように，1972年，ストックホルムで開催された国際連合人間環境会議は環境教育の初の世界的な規模での会議であった。環境問題が人類の生存にかかわる重大な共通課題として認識され，「環境教育の目的は，自己を取り巻く環境を自己のできる範囲内で管理し，規制する行動を，一歩ずつ確実にすることのできる人間の育成をすることにある」という理念が打ち出された。

欧州各国における個々の取組みは，それよりもはるかに早い。もし環境教育は自然保護教育の始まりといえるとすれば，欧州諸国では19世紀後半から組織的な自然保護教育の展開が行われてきたといえよう。だが，むしろ環境教育として本格的な取組みが始まったのは，第二次大戦後の急速な経済発展がもたらした環境破壊に対する危機意識の高まりによる，と一般には考えられている。たとえばイギリスにおいては，1967年の初等教育に関するプラウデン報告書が学校教育における環境の活用を唱え，アメリカにおいては，1970年に環境教育法が制定されたのが，教育界における環境教育の本格的な取組みといえよう。

ようするに環境教育とは「人間を取り巻く自然及び人為的環境と人間との関係を取り上げ，そのなかで人口，汚染，資源の配分と枯渇，自然保護，運輸，技術，都市と田舎の開発計画が，人間環境に対してどのようなかかわり

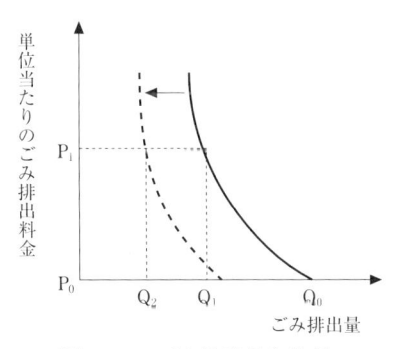

図8.14 ごみ排出量と住民意識の関係

をもつかを理解させる教育のプロセスである」(アメリカ合衆国環境教育法)とあるように，単なる自然との共生を図るためだけの教育ではない。[3]

(2) 日本における環境教育の展開

日本では昭和40年代から環境教育の必要性が叫ばれてきた(ICHIKAWA 1996)。消費者教育と同じく，それは高度経済成長の影の部分である公害の防止，そして水や空気の汚染除去という差し迫った課題から生まれた。

さらに昭和60年代に入り，都市生活型という新型の環境問題の叢生を引き金に環境教育への取組みが本格化した。事例として記憶されるべきは，山梨県清里町で1987年から5年間と期限を定めて開いた「清里環境教育フォーラム」であろうと，日本経済新聞社編（1995）は回顧している。それによると，フォーラム開始のころは環境教育と教育環境を取り違え，青少年の不良化防止，悪書追放を言い出す人がいたりして，環境教育は市民権を保ってはいなかったという。例のごとく，まず問題ありき，しかるのちその対策としての教育に目を向ける，というパターンをここでも踏襲し，公害問題から社会科の公害教育に至るという歩みをたどった日本でも，1970年代に自然破壊を環境問題ととらえるようになり，今日では自然環境教育を真っ先に思い起こす人が多くなった，という。

なお自然環境教育がその中心であることに，留意したい。これは，この後に記す日本環境教育学会の構成メンバーのほとんどが当初，理系出身者だったということに起因するものと思われる。

さて日本消費者教育学会設置に遅れること9年，ようやく1990年に日本環境教育学会が発足した。1989年改訂，1992年実施の学習指導要領でも小学校の生活科新設をはじめ多くの教科や道徳，特別活動のなかで環境教育が重視されている。文部省においても環境教育専門官を配置し，環境庁では環境保全活動推進室でそれをバックアップしていることはよく知られている。

(3) 環境教育の基本的な考え方

上で述べたように，自然環境教育がなお中心だとはいえ，かなり環境教育を考える際の基本的な視点が，それとは異なってきていることは，たしかなよう

である。というのも，そのガイドラインとなっている文部省（1995）の『環境教育指導資料』（5～8ページ）によれば，以下のとおりである。少し長いが丁寧にみていく価値はある。

① 環境教育の目的は，環境問題に関心をもち，環境に対する人間の責任と役割を理解し，環境保全に参加する態度及び環境問題解決のための能力を育成することにあると考えられるので，環境教育は家庭，学校，地域それぞれにおいて行わなければならない。

② 環境教育は，幼児から高齢者までのあらゆる年齢層に対してそれぞれの段階に応じて体系的に行わなければならない。特に，次の世代を担う幼児児童生徒については，人間と環境のかかわりについての関心と理解を深めるための自然体験と生活体験などの積み重ねが重要である。幼児期，児童期においては，自然とのふれあいの機会を多くもたせ，子供のみずみずしい感受性を刺激し，様々な発見の中から好奇心を育て，環境の改善や保全，創造に主体的に働きかける態度や参加のための行動力を育てていくことが必要である。

③ 環境教育は，知識の習得だけにとどまらず，技能の習得や態度の育成をも目指すものであり，科学に根ざした総合的，相互関連的なアプローチが必要である。さらに，生涯学習として学校教育と家庭教育，社会教育の連携の中で継続して展開されなければならない。

④ 環境教育は，消費者教育の視点を併せもつものである。日常生活は様々な商品を消費することで成り立っている。それらの商品は，生産，流通，消費というプロセスを経て廃棄されており，それらの各過程において不要物や汚染物を出して，環境に負荷を与えている。したがって，環境保全に対して人間が責任を果たすためには，生産過程においては環境への負荷が高い物質を他のものに変えることや使い捨て製品及び有害物質を含む製品を作らないこと，流通過程においては省資源，省エネルギーを進め，再使用・再利用を図ること，消費過程においては環境にやさしい商品の購入，リサイクル活動など，環境保全を目指す循環型社会システムを形成してい

く必要がある。消費者には環境にやさしい生活様式に根ざした商品選択や意思決定能力を育成していくことが必要である。

⑤ 環境教育は、地域の実態に対応した課題からの取組みが重要である。都市・生活型公害や自然環境の破壊の状況は地域によって異なるものであるから、地域の特性など身近な問題に目を向けた教育や学習内容で構成し、身近な活動から始めることが必要であろう。さらに、身近な環境問題が究極的には地球環境問題につながっていることが認識でき、地球環境を配慮した問題解決の意欲、態度、行動力を育てていかなければならない。"Think Globally, Act Locally" すなわち「地球規模で考え、足元から行動する」ことが現在求められているのである。

すなわち、①は環境教育の場を、②は学習期間を、③では各主体の連帯の必要性を、そして、④では環境教育と消費者教育の強い重複性、そして、⑤では地域性あるいは足元指向の重要性を指摘している。

なお基本的な考え方といえば、あるいは1975年の国際環境教育会議で採択されたベオグラード憲章に示された六項目をあげることもできようが、ここでは注に記すにとどめる。[41]

(4) 行動に移してこその環境教育

このようなねらいをどのようにして行動に移すか、より重要で難題なのは実施面に関してのようだ。教員養成学部などに環境関連の講座は乏しく、人材育成がきわめて不十分である。さらに環境教育そのものを専門とするプロの指導者が必要だが、日本では著しく立ち遅れている。意欲と知識、経験の豊富な人を、行政、学校、団体、企業などに配置して、ネットワーク化していくことが望まれている（日本経済新聞社 1995, 225～226ページ）。ということは、消費者教育と同じような悩みを抱えているのである。

以上のように、環境教育と消費者教育はともに高度経済成長の副産物ともいうべき存在で、「同根」ゆえに、その後の両者の歩みにも似通ったところがきわめて多い。

3 消費者（に対する）環境教育のすすめ

日本消費者教育学会編（1991）では，環境を考える消費者教育は環境教育とどう違い，どうかかわりますか，という問いに，つぎのように答えている。

消費者問題は，従来は生産販売の段階における製品の欠陥の問題，販売の段階における不適正な販売方法，広告，表示などの問題などが中心であった。しかし，現在の経済社会のなかではエコロジカルな一連の流れによって形成される。そして生活においては，商品などの経済財と同じく，空気などの自由財も消費されている。

自由財を含めて生活をエコロジカルにとらえる視点で消費者問題を考えるとき，生産—販売—購入の段階だけではなく，消費すなわち使用—廃棄—再生産の段階における問題も忘れられてはならない。その具体的な例が環境問題である。消費者はその購入の意思決定に際しては，品質，機能，デザイン，価格など，個人的な経済的利益価値だけでなく，購入しようとする製品に使われている素材が，また生産の廃棄が，資源あるいは地球規模にどのような影響を与えるかを自覚し，すなわち，地球市民として「商品購入に当たって，資源的に，環境的に配慮されたものを選ぶ」責任と役割，つまり公共的利益価値の自覚がますます求められてきている。地球を汚染しない「地球にやさしい商品」（たとえばエコマーク商品）であるかどうかの配慮などが求められる。消費者が危害・被害など不利益をこうむる外在的消費者問題とともに，消費者自身の行動によって環境に負荷を与えることもある内在的消費者問題が自覚されなければならないということである。

日本消費者教育学会編（1991）は続いて，つぎのような両教育の違いと共通性について触れている。

自然環境の保護だけでなく，由緒ある町並み保存などの社会的，文化的環境を取り込み，快適な生活を実現することを目的とする環境教育は，消費者教育とは異なった独自性を有しているが，消費者教育は環境教育とは密接なかかわり合いをもつことが認識される。限りある資源を有効に利用し，環境を破壊しないようなライフスタイルの消費生活を営む人間の形成の教育が環境を考える

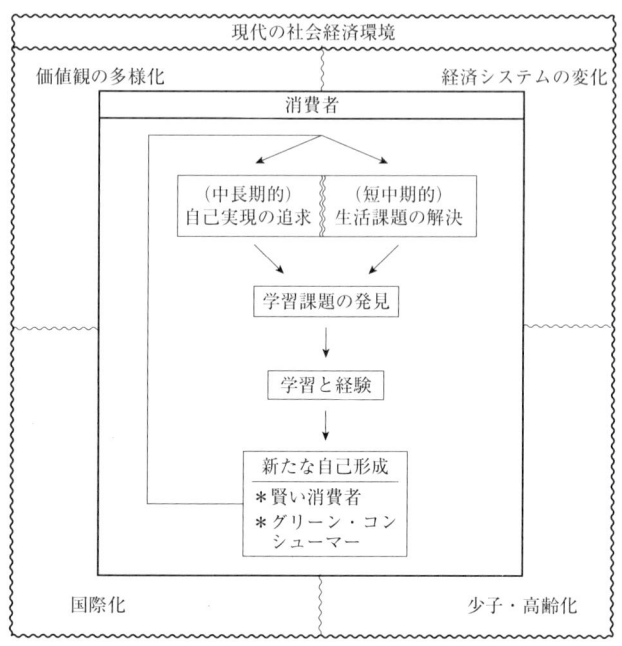

```
┌─────────────────────────────────────────────┐
│           現代の社会経済環境                  │
│  価値観の多様化          経済システムの変化   │
│    ┌───────────────────────────────┐        │
│    │         消費者                │        │
│    │     ↙        ↘               │        │
│    │ (中長期的)   (短中期的)        │        │
│    │ 自己実現の追求 生活課題の解決   │        │
│    │     ↘        ↙               │        │
│    │     学習課題の発見             │        │
│    │         ↓                    │        │
│    │     学習と経験                 │        │
│    │         ↓                    │        │
│    │     新たな自己形成             │        │
│    │     ＊賢い消費者               │        │
│    │     ＊グリーン・コン           │        │
│    │      シューマー               │        │
│    └───────────────────────────────┘        │
│    国際化                少子・高齢化         │
└─────────────────────────────────────────────┘
```

注) 1) 経済システムの変化の中身は，サービス化や女性の社会進出などをさす。
2) 『国民生活』1996年6月号の「社会人に対する消費者教育のシステム化の諸課題（下）」を参考にして作図した。

図 8.15 消費者環境教育における消費主体と環境

消費者教育であり，環境を考える消費者教育は，人類の生存を将来にわたって保証するために，かけがえのない地球を守る環境倫理に基づく地球市民人間開発教育である。

われわれはアメニティを重視するこのような教育をあえて「消費者環境教育」と呼び[5]，暮らしと環境への架け橋にしたいと考える。

最後に，整理の意味を込めて，われわれの考える消費者環境教育における消費主体と環境との関係を示しておこう（図8.15）。

注
1) 大都市部の市町村で自分の行政区域内に最終処分場をもっているところは半

分もなく，物理的（土地的）限界だという（植田 1998, 35ページ）。
2） とはいうものの現状は，環境教育を積極的に行うことは少なく，ごみ袋の有料化という経済的手段のほうに向いているようである。だが，その効果はいわれるほどの成果を上げているとは思わない。
3） 環境科学はいずれにしても生物環境学ではなく，人間環境の科学であり，広い意味での人間生態学であるといってよい。人間活動→環境形成作用→環境の量および質の変化→環境作用→人間の反応→人間の適応といった連続的な作用・反作用の連鎖のなかで，新しい人間がつくられ，その活動によって環境は変容する。こうしてクレメンツ（Clements）のいうアクション（環境作用）とリアクション（環境形成作用）の両面から，人間の適応性を媒介として，人間環境の役割を明らかにしていくのが，人間生態学としての環境科学の大きな方向である。大学における環境教育は，こうした環境科学教育が中心となるものと考えられる。沼田（1982）の見解である。
4） ストックホルム人間環境会議をふまえて，1975年にベオグラードで開催された国際環境教育会議で，環境教育のねらいを明確にしたベオグラード憲章が採択された。この憲章では，個人および社会集団が具体的に身に付け，実際に行動を起こすために必要な目標として関心，知識，態度，技能，評価能力，参加の六項目を示しており，環境教育の準拠すべき枠組みといえよう。具体的には，以下のとおりである。
　① 関心：全環境とそれにかかわる問題に対する関心と感受性を身に付けること。
　② 知識：全環境とそれにかかわる問題及び人間の環境に対する厳しい責任や使命について基本的な理解を身に付けること。
　③ 態度：社会的価値や環境に対する強い感受性，環境の保護と改善に積極的に参加する意欲などを身に付けること。
　④ 技能：環境問題を解決するための技能を身に付けること。
　⑤ 評価能力：環境状況の測定や教育のプログラムを生態学的・政治的・経済的・社会的・美的，その他の教育的見地にたって評価できること。
　⑥ 参加：環境問題を解決するための行動を確実にするために，環境問題に関する責任と事態の緊急性についての認識を深めること。
　1982年のナイロビ宣言においては，「広報，教育及び訓練を通じての環境の重要性に対する一般的及び政治的認識を高めること」とされ，1987年の環境と開発に関する世界委員会においては，環境教育は「あらゆるレベルの公式の教育カ

リキュラムの中に位置付けること」「成人教育，仕事上の研修，テレビあるいは非公式的な方式による広範囲の人々への普及」が緊要であることとされた。さらに，アメリカの「環境教育の推進等のための法律」（1990年）の制定など，環境教育推進はいっそう大きな動きとなってきているといえよう（沼田 1982）。

5) 「消費者」を付ける必要はないとの指摘がある。実際，北野・木俣（1991）のような「身近な生活環境の学習から地球環境の保全へ」という概説書も出ているが，本文でも触れたように，依然として環境教育（ニア）イコール理科教育という見解は根強く，それと一線を画しておく意味で，あえて付けておくこととした。

引用文献

植田和弘（1998）『環境と経済を考える』岩波書店
植田和弘（2000）「循環型社会をめぐる環境と経済」『ジュリスト』No.1184
小澤紀美子（1997）「環境教育と家庭科教育」『日本家政学会誌』48-2
北野日出男・木俣美樹男（1991）『環境教育概論』培風館
高月紘・酒井信一・水谷聡（1998）「ゼロエミッションシステムにおけるライフスタイルの模索」文部省科研費・重点領域研究『ゼロエミッションをめざした物質循環プロセスの構築』平成9年度最終報告会要旨集
谷村賢治（1997）「内在的消費者問題をどう取り扱うか」『消費者教育研究』56号　消費者教育支援センター
日本経済新聞社編（1995）『環境の世紀　日本の挑戦』日本経済新聞社
日本消費者教育学会編（1991）「消費者教育10のＱ＆Ａ」『消費者教育・12冊』
沼田真（1982）『環境教育論』東海大学出版部
福島哲郎（1999）『図説リサイクル法』東洋経済新報社
丸尾直美・西ヶ谷信雄・落合由紀子（1997）『エコサイクル社会』有斐閣
文部省（1991）『環境教育指導資料』（中学校・高等学校編）大蔵省印刷局
ICHIKAWA Satoshi (1996) Environmental Education in Japan : A review of its brief history, 東京学芸大学『環境教育研究』6号

索　引

あ　行

ISO14000　88
アメニティ保全　9
生き方　129
イースター島　75
一次エネルギー　39
一般廃棄物　65
都市生活型の環境問題　173
エコシステム　32
エコタウン事業　80
エコビジネス　82
　——の種類　83
エコラベル　162
エネルギー使用の合理化に関する法律　168
LCA　81, 182
OECD　158
大型小売店舗立地法　22
オゾン層破壊　55
温室効果ガス　47

か　行

介護保険制度　123
改正男女雇用機会均等法　149
外部経済　161
科学技術の二面性　42
化学進化　28
化学物質過敏症　58
拡大生産者責任　179
過疎地域　107
GATS　159
GATT　157
　——1994　159
家庭環境　146
家庭経営　11
環境革命　78
環境家計簿　185

環境教育　187
　消費者——　192
環境修復　43, 57
環境と調和　50
環境保全　57
環境ホルモン　60
環境ラベル　162, 185
環境リスク　176
環境倫理学　43
共　生　129
　自然と——　49
協　働　129
京都会議　47
京都議定書　165
近代家族　10
クズネッツの逆U字曲線　163
グリーン・コンシューマー　183
ケ　ア　129
経済社会システム化　133
郊外化　12
高燃費車税　166
高齢社会　99
枯渇性資源　40, 41
　非——　41
国際連合人間環境会議　187

さ　行

細胞の進化　28
サービス経済学　16
3R　181
産業廃棄物　65
酸性雨　54
CAFE規制　166
自然エネルギー　39
自然環境の要素　34
自然保護　9
持続的開発　50

索引 197

持続的発展　50
時代効果　23
社会・文化環境　151
出生率の低下　102
循環型社会
　　持続可能な——　77
循環型社会基本法　77
循環型社会形成推進基本法　180
少子・高齢化　19
情報の非対象性　17
静脈産業　82
職場環境　148
食物連鎖　32
食料安全保障　38
食料不足　37
女子差別撤廃条約　134
女性の従業上の地位　139
女性の労働力率　136
シルバー人材センター　117
シンガポール閣僚会議　165
人口増加　36
人類の誕生　30
水質汚濁　175
ストック型の汚染　59
生活財の倉庫　14
生活者と生活環境　11
生活の社会化　14
生活排水　175
生産者責任　179
生態系　32
生の生産　129
生物濃縮　33
生物の陸上進出　29
性別役割分業　133
生命の誕生　27
セクシュアル・ハラスメント　151
ゼロエミッション構想　79

た　行
ダイオキシン類　71
大店舗立地法　22
台所ごみ　178
多国間環境条約　157, 170
男女の賃金格差　138
地域福祉　112
地球温暖化　52
地球環境問題　51
調　和　129
TBT協定　163
典型七公害　57
特定家庭用機器再商品化法　168
都市化　12
TRIPS　159
トリレンマ　76

な　行
内外価格差　21
内国民待遇　166
日本の食料事情　38
熱帯林の破壊　56
年齢効果　23

は　行
バイオテクノロジー　43
バイオレメディエーション　43
廃棄物
　　産業——　65
　　——の3R　69
　　——の処理・処分　67
廃電気電子機器指令原案　167
廃プラスチック　94
配　慮　129
バーゼル条約　157
パートタイム労働者　141, 143
パラサイト・シングル　20
比較生産費説　160
フォーディズム　10
物質文明　48

プラスチック　90
　　──の種類　90
　　──の生産　91
　　──の廃棄　93
フロンガス　55
文化の創出　31
平均寿命　102
貿易と環境に関する委員会　158
　　ま　行
マテリアルバランス　41
物の生産　129
モントリオール議定書　157
　　や　行
容器包装リサイクル法　178

欲望の20世紀　10
　　ら　行
ライフサイクルアセスメント　182, 183
ライフスタイルの変化　177
ライフステージ　24
リサイクル　70
　　サーマル──　96
　　マテリアル──　96
老親扶養　104
労働の本質　131
老年人口比率　100
　　わ　行
ワシントン条約　157

執筆者一覧（＊は編者）
谷村賢治＊　長崎大学環境科学部教授　（第1章, 第8章）
松尾昭彦＊　呉大学社会情報学部教授　（第2章, 第3章, 第4章）
大槻智彦　　広島文化短期大学助教授　（第7章）
花崎正子　　東筑紫短期大学教授　　　（第6章）
山田知子　　比治山大学短期大学部助教授（第5章）

暮らしと環境への視点

⊙検印省略

2001年3月31日　第一版第一刷発行

編著者　谷村賢治
　　　　松尾昭彦

発行所　株式会社 学文社　　郵便番号　153-0064
　　　　　　　　　　　　　　東京都目黒区下目黒3-1-6
発行者　田中千津子　　　　　電　話　03(3715)1501(代)
　　　　　　　　　　　　　　振替口座　00130-9-98842

©K. Tanimura & A. Matsuo 2001
乱丁・落丁の場合は本社でお取替します。　　印刷所　㈱シナノ
定価は売上カード，カバーに表示。

ISBN4-7620-1011-1

帝京短期大学　佐島群巳 編著
東京都立短期大学　横川洋子 編著
生活環境の科学
――環境保全への参加行動――
B5判　150頁　本体1500円

21世紀は環境の時代である。本書は，自分を取り巻く環境に関心をもち，環境と自分との関わりや人間が環境に果たした役割や責任を認識し，自ら「生活の質を変え」，積極的に環境保全の実践力を培う。
0928-8　C3045

早稲田大学　北山雅昭 編著
環境問題への誘い
――持続可能性の実現を目指して――
A5判　236頁　本体2000円

《早稲田大学教育総合研究所叢書》自然・社会より研究者・実務家・記者・弁護士ら多様な視点を以てした。第一に生活・自然・地球と環境の様を。二に問題発生の仕組を解き手段を。三に自らの生と関る契機を。
0947-4　C3045

新潟大学　横山和彦 編著
流通経済大学　田多英範 編著
日本社会保障の歴史
A5判　410頁　本体2800円

前史と本史，さらに本史を日本経済の展開過程を基本に，社会保障制度確立期，拡充期，改革期の3期に区分，社会保障の枠組みを社会保険，公的扶助，社会福祉，家族手当の4制度とし，分析・研究。
0385-9　C3033

森典子・上松由紀子・秋山憲治 編著
おもしろ男女共生の社会学〔新版〕
A5判　250頁　本体2600円

実質的な男女平等社会を実現するためには，的確な現状把握と状況に応じたきめ細かな施策の展開が求められる。写真や統計を多数駆使してまとめられた「女性学＋男性学（男女両性の人間科学）」の書。
0881-8　C3036

増子勝義 編著
新世紀の家族さがし
――おもしろ家族論――
A5判　213頁　本体2500円

既刊『おもしろ家族論』を一新。「家族の変化」と「現象の多様性」を軸に，家族機能・ライフコースの変化，高齢社会，シングルライフ，性別役割分業，DVなど，現代家族の抱える諸問題を鳥瞰する。
0973-3　C3336

城西大学女子短期大学部　青島祐子 著
ジェンダー・バランスへの挑戦
――女性が資格を生かすには――
四六判　180頁　本体1600円

女子教育の中で生み出される「女性らしいイメージ」「女性向きの職業」という女性の職業上の地位の低位，固定化が資格取得に対する女性の意識構造にも大きな影響を及ぼしているが，その問題点とは。
0756-0　C3037

安村碩之・日暮晃一 編著
現代の食生活
――主婦5827人に聞く姿――
A5判　126頁　本体1300円

1980年代後半から13年間にわたる「食生活と食品の購買等に関する調査」を分析し，現在の食生活像をふまえ21世紀の食生活を展望する。ワークショップを付す。
0992-X　C3043

姫路短期大学　衣畑怜子 著
すまいと住生活
――間取りと住まい方の変容――
A5判　164頁　本体2300円

兵庫県内の都市，農山漁村の各地域を調査対象として，実際に営まれている住生活様式に視点をおいた調査をもとに，現実の住まい方がどのような経緯のなかで創り出されてきたのかを具体的に分析する。
0739-0　C3077